진짜 진짜

킨더

사고력 수학

C 도형

여수미 지음 | **신대관** 그림

《진짜진짜 킨더 사고력수학》은
열한 명의 어린이 친구들이 먼저 체험해보았으며
현직 교사들로 구성된 엄마 검토 위원들이 검수에 참여하였습니다.

어린이 사전 체험단

길로희, 김단아, 김주완, 김지호, 박주원, 서현우, 오한빈, 이서윤, 조윤지, 조항리, 허제니

엄마 검토 위원 (현직 교사)

임현정(서울대 졸), 최우리(서울대 졸), 박정은(서울대 졸),

강혜미, 김동희, 김명진, 김미은, 김민주, 김빛나라, 김윤희, 박아영, 서주희, 심주완, 안효선, 양주연, 유민, 유창석, 유채하,

이동림, 이상진, 이슬이, 이유린, 정공련, 정다운, 정미숙, 정예빈, 제갈종면, 최미순, 최사라, 한진진, 윤여진(럭스어학원 원장)

지은이 여수미

여수미 선생님은 서울대학교에서 학위를 마친 후, K.E.C 컨설팅 그룹에서 수학과 부원장을 역임하였습니다. 국내 및 해외 의대 진학과 특목고 아이들을 위한 프로그램 개발 및 컨설팅을 담당하였고, 서울 강남에 있는 소마 사고력전문 수학학원에서 팀장 선생님으로 근무하였습니다. 현재는 시사 교육그룹의 럭스아카데미 수학과 총괄 주임으로 재직 중이며, 럭스공부연구소에서 사고력 수학 및 사고력 연산 교재를 활발히 집필하고 있습니다. 그동안 최상위권 자녀들을 지도해온 경험을 바탕으로 《진짜진짜 킨더 사고력수학》에 그간에 쌓아온 모든 노하우를 담아내었습니다. 대치동 영재 교육의 핵심인 '왜~?'에 집중하는 사고방식을 소중한 자녀와 함께 이 책을 풀어나가며 경험해보시길 바랍니다.

그린이 신대관

신대관 선생님은 M-Visual School에서 회화, 그래픽디자인, 일러스트레이션을 공부했으며 현재 그림책 작가로 활동하고 있습니다. 개성 넘치는 캐릭터, 강렬한 컬러, 다양한 레이아웃을 추구합니다. 그동안 그린 책으로는 《플레이그라운드 플레이》, 《뱅뱅 뮤직밴드》, 《기분이 참 좋아》, 《매직쉐입스》, 《너티몽키》, 《어디에 있을까》, 《이솝우화》, 《누가누가 숨었나》 등이 있습니다.

사고력 수학 ⓒ 도형

초판 발행 2020년 12월 15일
글쓴이 여수미
그린이 신대관
편집 이명진
기획 한동오
펴낸이 엄태상
디자인 박경미, 공소라
마케팅 본부 이승욱, 전한나, 왕성석, 노원준, 조인선, 조성민
경영기획 마정인, 최성훈, 정다운, 김다미, 오희연
제작 전태준
물류 정종진, 윤덕현, 양희은, 신승진
펴낸곳 시소스터디
주소 서울시 종로구 자하문로 300 시사빌딩
주문 및 문의 1588-1582
팩스 02-3671-0510
홈페이지 www.sisabooks.com/siso
네이버 카페 시소스터디공부클럽 cafe.naver.com/sisasiso
이메일 sisostudy@sisadream.com
등록일자 2019년 12월 21일
등록번호 제2019-000149호

ⓒ시소스터디 2020

ISBN 979-11-970830-7-5 63410

머리말

5세 이전에는 수학을 '공부'하는 것보다는 일상에서 다양한 수 개념, 도형, 규칙 등을 자연스럽게 경험할 수 있도록 하는 것이 좋습니다. 반면 5세부터는 생활 속 수학을 다양한 교구와 주제에 맞는 문제 풀이를 통해 개념화시키고 반복학습하면 수학적 사고력과 문제 풀이 능력이 훨씬 높아질 수 있습니다.

이 책은 유아들이 수학을 배울 수 있는 영역을 수, 연산, 도형, 생활수학 4가지로 나누었고 학습 내용을 다양한 놀이 활동과 함께 제시했습니다.

이 책으로 아이들이 즐겁게 소통하며 수학 기본기를 쌓아 자신감을 갖고 누구나 수학 공부를 할 수 있다는 것을 경험해보면 좋겠습니다.

마지막으로 저도 아이를 낳아 기르게 되면서 엄마들이 수학 기관에 의지하지 않고 아이들과 집에서 수학 공부를 즐겁게 했으면 좋겠다는 생각이 들었습니다. 모든 엄마들이 수학을 쉽고 재미있게 가르칠 수 있다는 용기를 주고 싶습니다.

여 수 미

진짜진짜 킨더 사고력 수학 을 소개합니다!

진짜진짜 킨더 사고력수학은

5세를 중심으로 4세부터 6세까지 수학을 접할 수 있도록 만든 유아 수학 입문서입니다. 수학은 수와 공간에 대해 배우면서 논리 사고력과 추리력, 창의력을 키울 수 있는 과목입니다. 유아 때부터 수학을 즐겁게 접할 수 있다면 누구나 충분히 미래의 수학 영재가 될 수 있을 것입니다. 《진짜진짜 킨더 사고력수학》은 스스로 생각하며 문제를 해결하는 과정 자체를 즐길 수 있도록 만들었습니다.

시리즈 구성은 다음과 같습니다.

수학의 가장 기본인 **수**를 시작으로 수와 수의 관계인 **연산**을 배우고, 공간 감각을 익히는 **도형**, 마지막으로 생활 속에서 발견되는 수학 원리를 배우는 **생활수학**까지 이렇게 총 4권으로 구성했습니다.

Ⓐ 수

Ⓑ 연산

Ⓒ 도형

Ⓓ 생활수학

진짜진짜 킨더 사고력수학을 함께 공부할
냥이와 펭이를 소개합니다!

냥이와 **펭이**는 5살짜리 단짝 친구입니다.

진짜진짜 킨더 사고력수학을 공부하는 친구들과도 단짝이 될 수 있을 거예요.

이 둘은 여러분이 공부하며 어려움을 느낄 때 도움을 줄 거예요.

지루하거나, 공부하기 싫을 때 기운을 북돋아 주기도 할 거고요.

 냥이

"내 모자의 숫자 1은 넘버원이란 뜻이야!
나는 뭐든 첫 번째로 하는 게 좋거든!"

나는 치즈케이크가
제일 맛있어! 아, 생각만
해도 침 고인다.

동생이랑
노는 것보다 펭이랑
노는 게 더 좋아.

 **펭이**

"이거 볼래? 내 머리띠에는 주사위가 달려있어.
주로 냥이랑 게임 할 때 사용해!"

난 궁금한 게 생기면
친구나 엄마한테
꼭 물어봐.

엄마한테 고양이를 키우면
안 되냐고 했더니, 안 된대.
대신 냥이랑 자주 놀래.

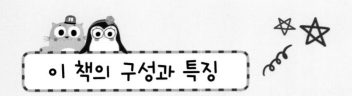

이 책의 구성과 특징

진짜진짜 킨더 사고력수학은 수, 연산, 도형, 생활수학이라는 권별 주제마다 하위 테마 4개 또는 5개가 구성되어 있습니다. 테마별로 열린 질문을 던지는 **생각 열기**, 핵심 개념을 이해하고 익히는 **개념 탐구**, 게임과 놀이 활동으로 수학에 친근해지는 **렛츠플레이(Let's Play)**, 마지막으로 복습하는 **확인 학습** 코너로 구성되어 있습니다. 중간 중간 **플러스업(Plus Up) 도전!** 코너가 있어 어린이 수학경시대회 문제를 체험할 수 있도록 했습니다.

생각 열기

열린 질문을 던지거나, 간단한 놀이 활동을 유도해서, 앞으로 전개될 수학 주제를 짐작할 수 있도록 소개하는 코너입니다.

개념 탐구

해당 수학 테마에서 반드시 알아야 하는 핵심 개념을 짚어보는 코너입니다.
핵심 개념을 완벽히 이해할 수 있도록 같은 개념을 다양한 유형의 문제로 제시하여 반복학습을 할 수 있습니다.

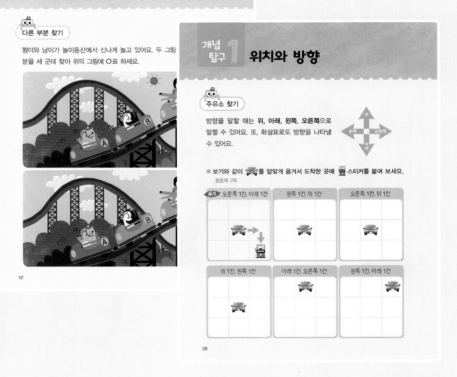

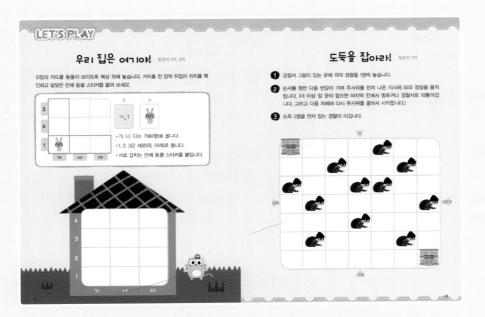

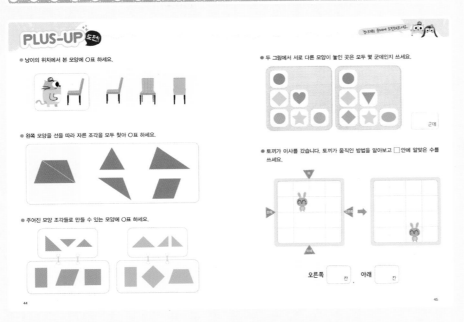

LET'S PLAY

카드 게임부터 만들기 놀이까지 다양한 놀이 활동으로 수학을 배웁니다.

확인 학습

개념 탐구에서 배웠던 핵심 개념들을 다양한 문제 풀이로 복습하는 코너입니다.

PLUS-UP 도전!

어린이 수학경시 대회 문제를 체험해볼 수 있는 코너입니다. 난이도 높은 문제에 도전하며 성취감을 느끼고 실력도 배양하는 것이 목표입니다.

7

엄마를 찾아주세요

내 자리를 찾아줘

방을 정리해요

생일 파티를 해요

학습 목표   주변의 사물을 통해 입체도형을 알아보고 입체도형의 특징을 비교합니다.
또, 입체도형을 여러 방향에서 보았을 때 어떻게 보이는지 확인합니다.

집을 만들어요

학습 목표   칠교 조각, 크기가 같은 ■를 이어 붙여 만든 퍼즐 조각, 쌓기나무 등으로
만든 모양을 관찰하고 다양한 모양을 만들어보며 직관력, 공간지각력을
기릅니다.

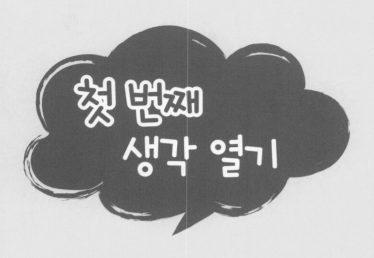

첫 번째
생각 열기

엄마를 찾아주세요

펭이가 놀이공원에서 엄마를 잃어버려서 울고 있어요.
그래서 경찰 아저씨가 엄마 사진을 보고 같이 찾아보려고 합니다.
엄마를 찾아 ○표 하세요.

경찰 아저씨에게
엄마를 찾아달라고
부탁해보자.

엄마가
어디 있을까?

같은 그림 속 다른 부분 찾기

 다른 부분 찾기

펭이와 냥이가 놀이동산에서 신나게 놀고 있어요. 두 그림을 보고 다른 부분을 세 군데 찾아 위의 그림에 〇표 하세요.

● 두 그림에서 다른 부분을 찾아 오른쪽 그림에 ○표 하세요.

● 왼쪽 그림과 같은 그림에 ○표 하세요.

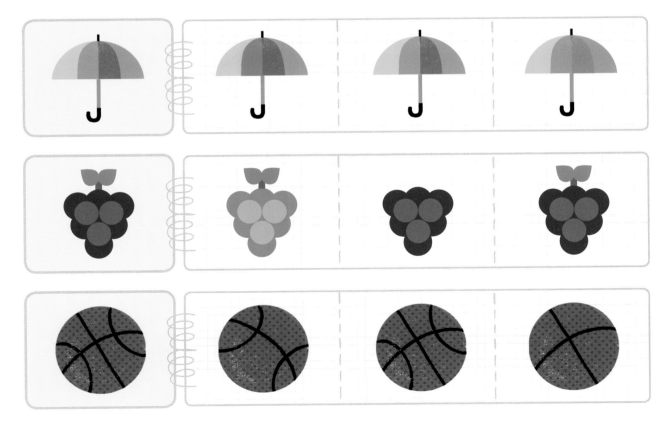

● 같은 그림을 2개씩 찾아 ○표 하세요.

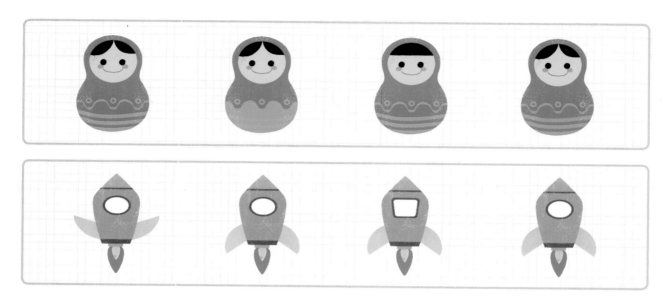

● 그림을 보고 다른 부분을 두 군데씩 찾아 오른쪽 그림에 ○표 하세요.

개념 탐구 2 부분 조각 맞추기

부분 조각을 보고 전체 모양 찾기

엄마 옷을 입은 동물이 펭이와 냥이에게 문을 열어달라고 해요. 그런데 문 지방으로 쑥 들어온 발에 줄무늬가 있어요. 밖에는 어떤 동물이 있을까요? 아래의 동물들 중 알맞은 동물을 찾아 ○표 하세요.

● 동물들의 한 부분입니다. 어떤 동물의 한 부분인지 선으로 이어 보세요.

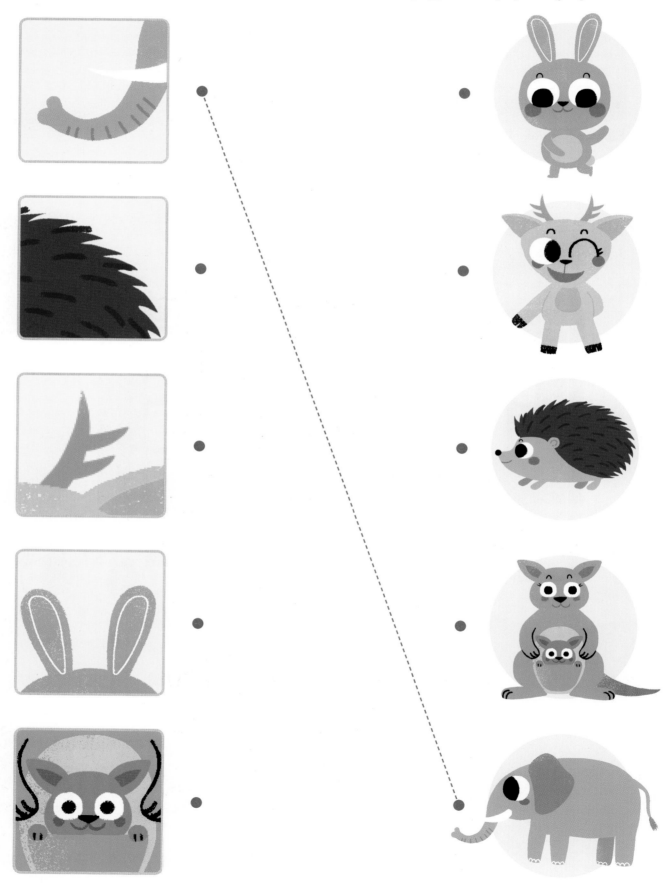

악어의 입을 관찰한 그림을 찾아 선으로 이어 보세요.

부엉이의 일부분을 관찰한 그림이 아닌 것에 ✕표 하세요.

● 왼쪽 모양을 선을 따라 자른 조각이 아닌 것에 ×표 하세요.

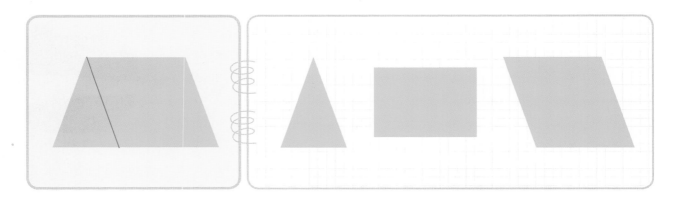

● 주어진 모양 조각들로 만들 수 있는 모양에 ○표 하세요.

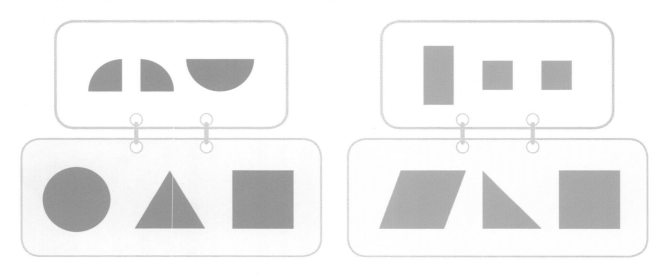

PLUS 도전! 모양 조각 스티커를 붙여서 아래 모양을 만들어 보세요. 활동북 1쪽

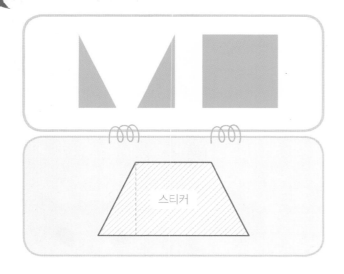

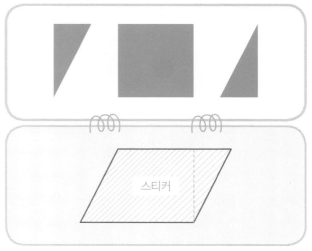

개념 탐구 3 그림자로 어떤 물건인지 알아맞히기

그림자의 모양을 보고 원래의 모양 찾기

펭이의 방에 물건들이 어질러져 있어요. 그림자의 모양에 맞는 물건을
찾아 옷장과 책상에 스티커를 붙여 보세요. 활동북 1쪽

펭이 옷장			
그림자			

펭이 책상			
그림자			

● 그림자의 모양으로 알맞은 것을 찾아 선으로 이어 보세요.

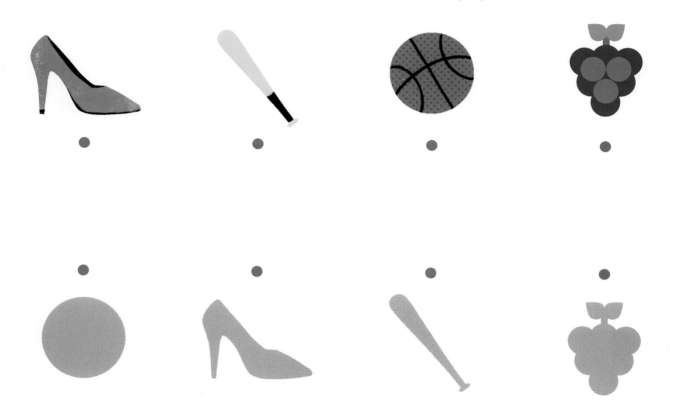

● 그림자의 모양으로 알맞은 것을 찾아 ○표 하세요.

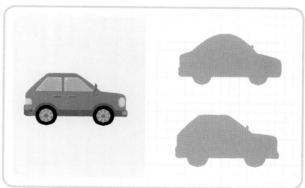

● 겹쳐진 그림자를 보고 그림자에 있는 물건을 모두 찾아 ○표 하세요.

● 겹쳐진 그림자를 보고 그림자에 없는 물건에 ×표 하세요.

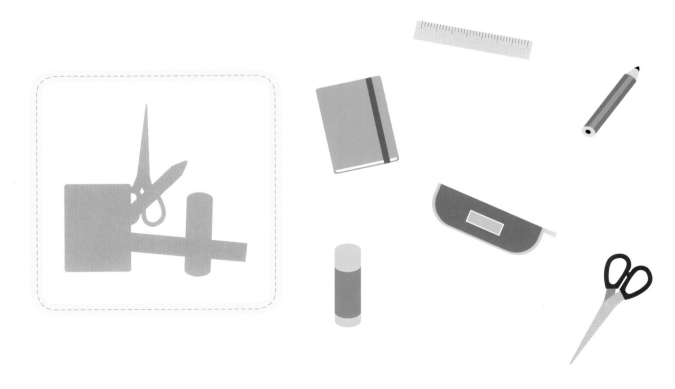

LET'S PLAY

신나는 그림 퍼즐

● 퍼즐 조각을 붙여서 그림을 완성해 보세요.

활동북 7쪽

● 그림자 사파리입니다. 동물 그림자 스티커를 붙여 그림자 사파리를 완성해 보세요. 활동북 1쪽

● 그림을 보고 물음에 답하세요.

1 두 그림에서 다른 부분을 네 군데 찾아 오른쪽 그림에 ○표 하세요.

2 펭이가 손에 든 성냥개비의 수가 [　　　] 개 에서 [　　　] 개 로
바뀌었습니다.

3 그림에서 찾을 수 없는 물건에 ✕표 하세요.

빈 곳에 들어갈 알맞은 그림에 〇표 하세요.

 겹쳐진 모양의 그림자입니다. 그림자에 있는 모양을 모두 찾아 〇표 하세요.

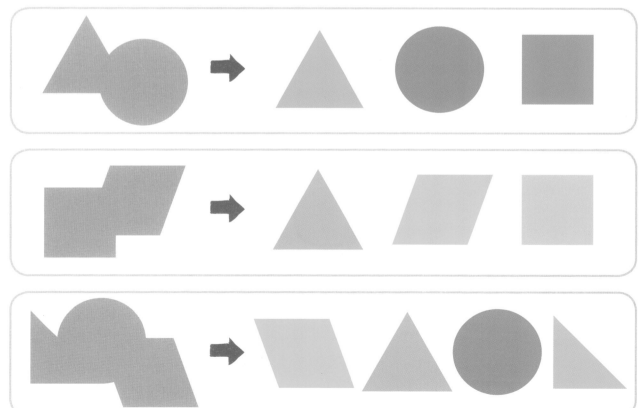

내 자리를 찾아줘

펭이가 극장에 갔어요. 펭이가 들고 있는 영화표에는 펭이 자리의 위치가 쓰여 있어요. 영화표를 보고 펭이의 자리를 찾아 〇표 하세요.

왼쪽

높은 쪽은 '위',
낮은 쪽은 '아래'로 표현할 수 있어.
'왼쪽'은 왼손 방향으로
'오른쪽'은 오른손 방향으로
구분할 수 있지.

26

앞

오른쪽

CINEMA
앞에서 두 번째,
왼쪽에서 세 번째

뒤

위치와 방향

주유소 찾기

방향을 말할 때는 **위, 아래, 왼쪽, 오른쪽**으로 말할 수 있어요. 또, 화살표로도 방향을 나타낼 수 있어요.

● 보기와 같이 🚗를 알맞게 옮겨서 도착한 곳에 ⛽ 스티커를 붙여 보세요.

활동북 2쪽

보기 오른쪽 1칸, 아래 1칸	왼쪽 1칸, 위 1칸	오른쪽 1칸, 위 1칸

위 1칸, 왼쪽 1칸	아래 1칸, 오른쪽 1칸	왼쪽 1칸, 아래 1칸

● 병아리가 엄마 닭에게 가고 있습니다. 보기와 같이 주어진 방향의 순서대로 길을
나타내어 보세요.

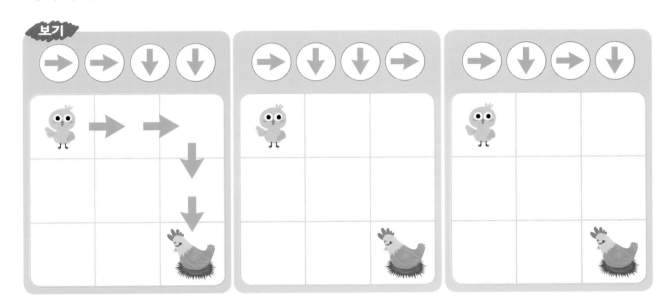

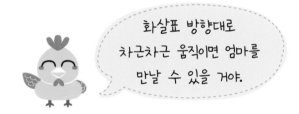

화살표 방향대로
차근차근 움직이면 엄마를
만날 수 있을 거야.

● 병아리가 엄마 닭을 찾아 움직인 방향의 순서대로 빈칸에 화살표 스티커를 붙여
보세요. 활동북 2쪽

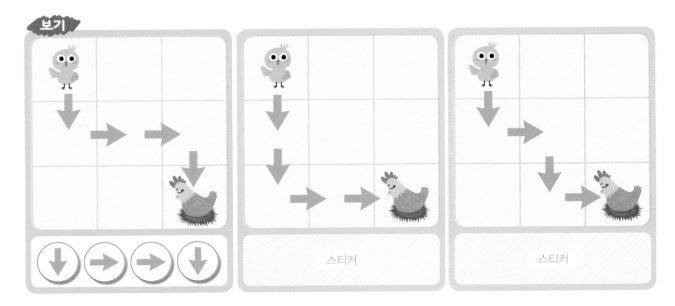

● 가은이의 자리를 찾아 색칠해 보세요.

내 자리는
오른쪽에서 **첫 번째**
앞에서도 **첫 번째**야.

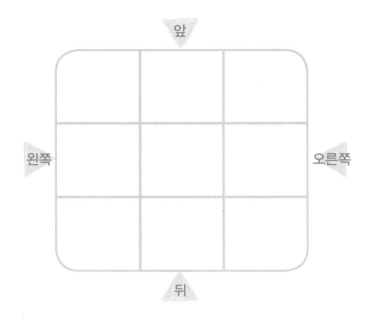

자리를 찾을 때는
□번째를 □번째 줄로 생각해보면
쉽게 찾을 수 있어!

재일이의 자리를 찾아 색칠해 보세요.

내 자리는
왼쪽에서 **두 번째**
뒤에서 **세 번째**야.

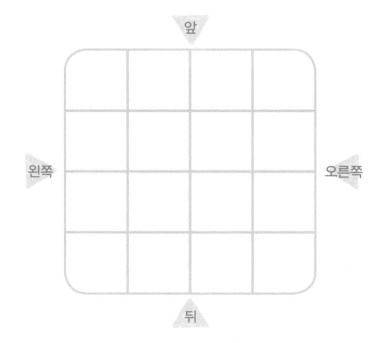

● 다음과 같이 자리를 나타낼 수도 있습니다. 동물들의 자리를 보기와 같은 방법
으로 나타내어 보세요.

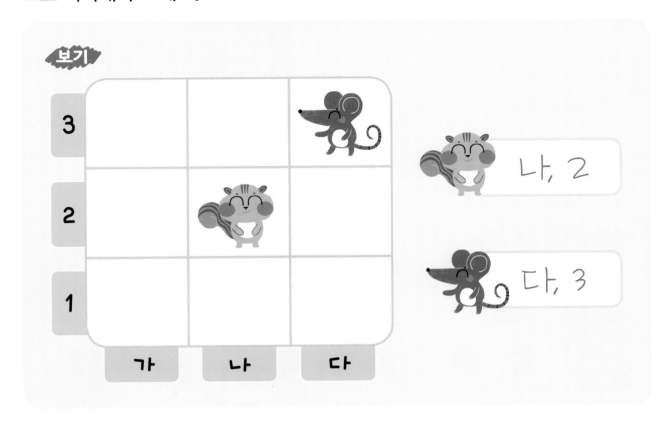

공간 감각

여러 방향에서 본 모양 알아보기

냥이와 펭이, 그리고 강아지가 구급차를 바라보고 있어요. 각자의 위치에서 본 모양을 아래에서 찾아 선으로 이어 보세요.

● 화살표 방향에서 본 모양을 찾아 ○표 하세요.

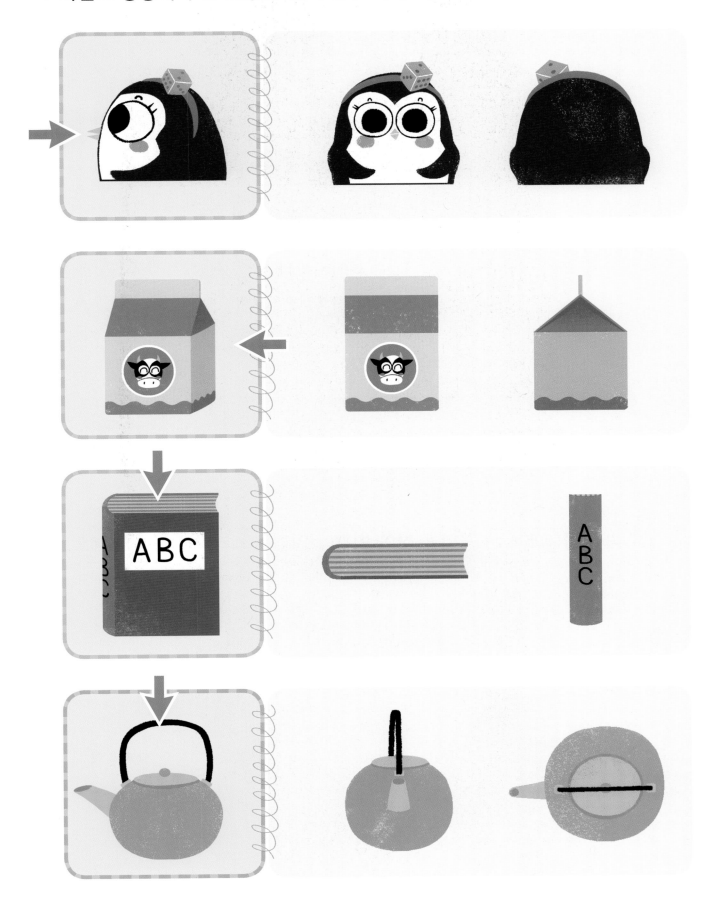

● 각각의 동물들이 보고 있는 모양을 찾아 선으로 이어 보세요.

● 컵을 여러 방향에서 본 모양을 찾아 빈칸에 알맞은 스티커를 붙여 보세요.

활동북 2쪽

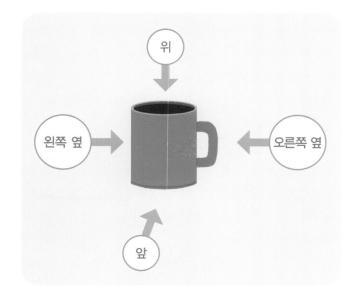

● 쌓기나무를 어느 방향에서 본 모양인지 관계있는 것끼리 선으로 이어 보세요.

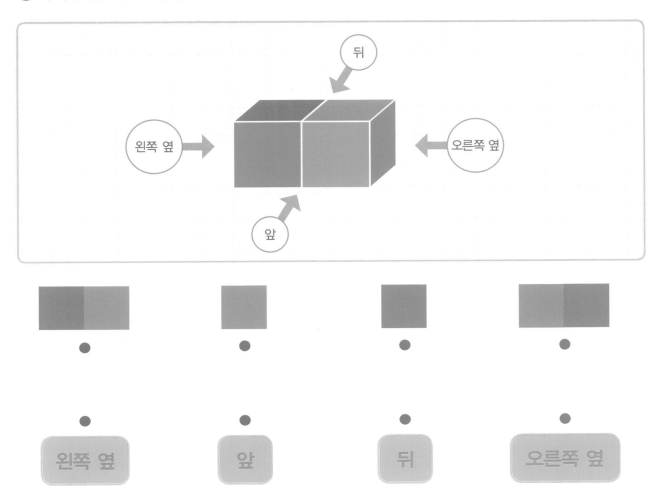

 쌓기나무를 여러 방향에서 본 모양을 알맞게 색칠해 보세요.

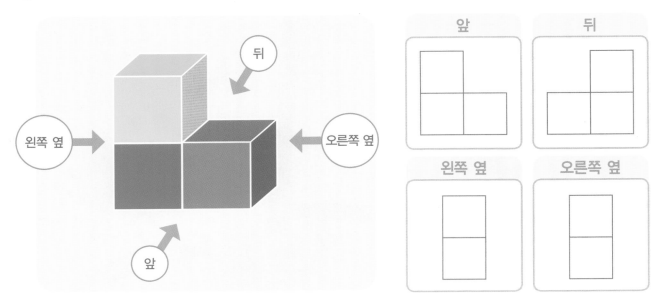

개념 탐구 3 닮음과 대칭

원래의 내 모습과 다른 부분 찾기

거울에 비친 모습 중 이상한 부분 두 군데를 찾아서 O표 하세요.

> 거울을 보면서 왼손과 오른손을 움직여 봐.
> 왼손을 움직이면 거울 속에서는 오른손이 움직이고, 오른손을 움직이면 거울 속에서는 왼손이 움직이지.

● 거울에 비친 모습으로 알맞은 것에 ○표 하세요.

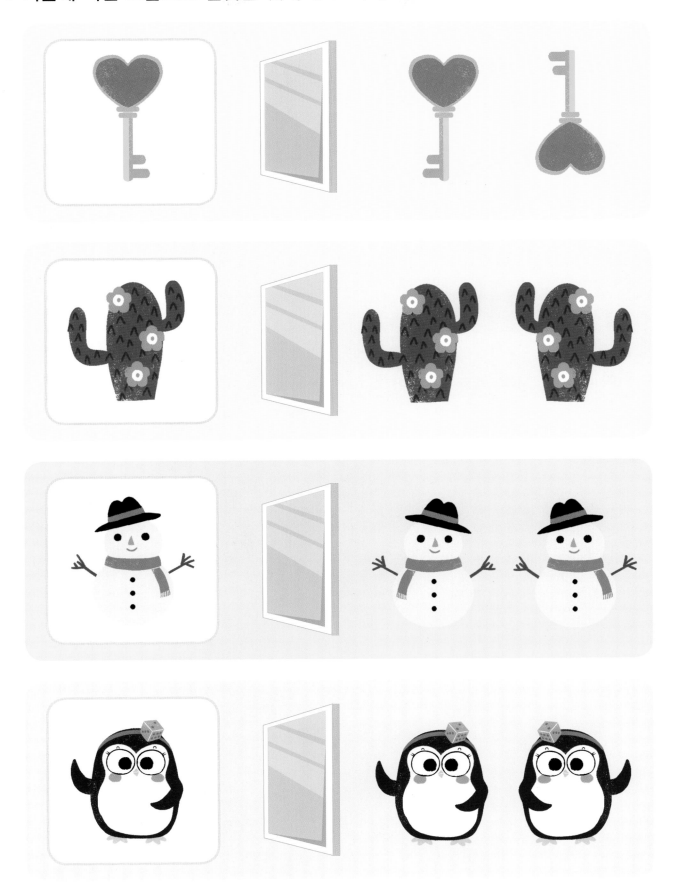

● 왼쪽과 닮은 것에 모두 ○표 하세요.

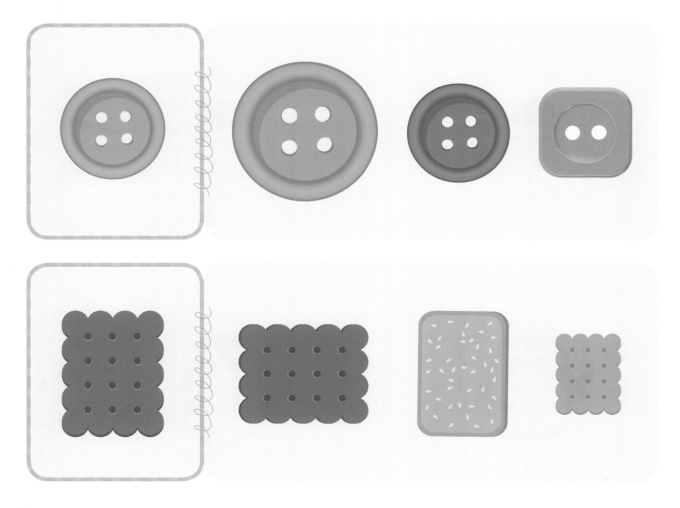

● 종이를 반으로 접은 후 색칠한 부분을 잘라서 펼친 모양에 ○표 하세요.

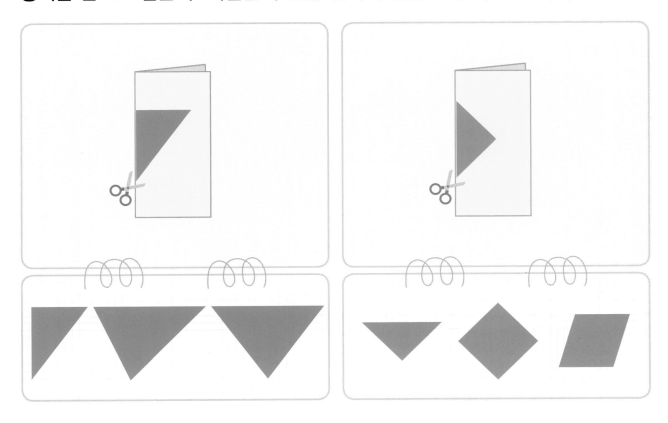

● 점선을 따라 접었을 때 완전히 겹치도록 스티커를 붙여 보세요. 활동북 2쪽

어떤 모양을 반으로 접었을 때
양쪽의 모양이 똑같아서 완전히 겹치는 것을
'대칭'이라고 해.

우리 집은 여기야! 활동북 2쪽, 8쪽

12장의 카드를 동물이 보이도록 책상 위에 놓습니다. 카드를 한 장씩 뒤집어 위치를 확인하고 알맞은 칸에 동물 스티커를 붙여 보세요.

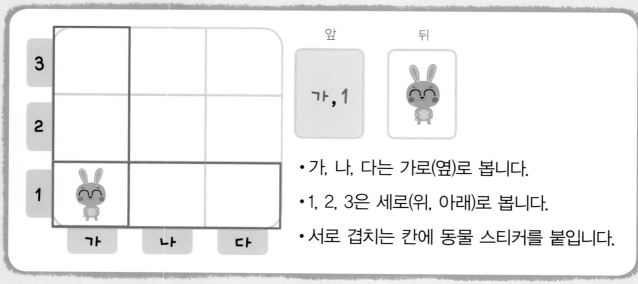

앞　　　뒤

가, 1

• 가, 나, 다는 가로(옆)로 봅니다.

• 1, 2, 3은 세로(위, 아래)로 봅니다.

• 서로 겹치는 칸에 동물 스티커를 붙입니다.

도둑을 잡아라! 활동북 9쪽

① 경찰서 그림이 있는 곳에 각각 경찰을 1명씩 놓습니다.

② 순서를 정한 다음 번갈아 가며 주사위를 던져 나온 지시에 따라 경찰을 움직입니다. (더 이상 갈 곳이 없으면 마지막 칸에서 멈추거나 경찰서로 되돌아갑니다. 그리고 다음 차례에 다시 주사위를 굴려서 시작합니다.)

③ 도둑 2명을 먼저 잡는 경찰이 이깁니다.

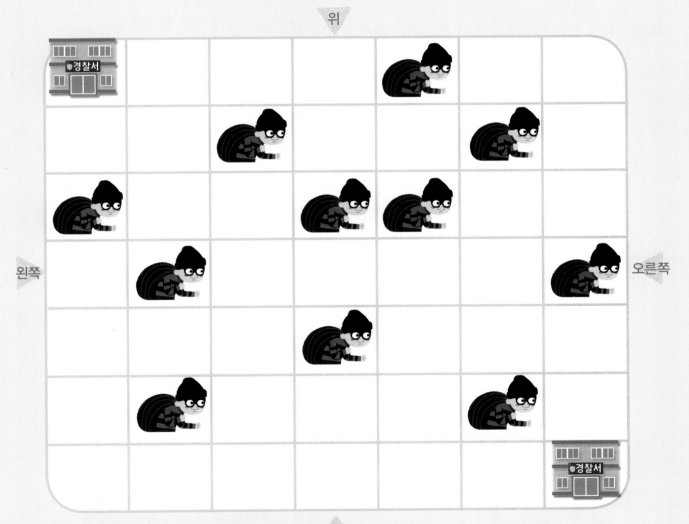

확인 학습

● 장난감의 위치를 찾아 서랍장에 스티커를 붙여 보세요. 활동북 2쪽

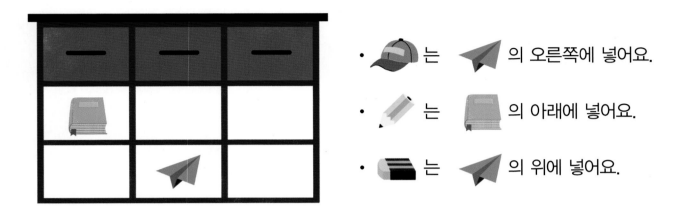

● 펭이가 각각의 위치에서 본 모양에 알맞게 색칠해 보세요.

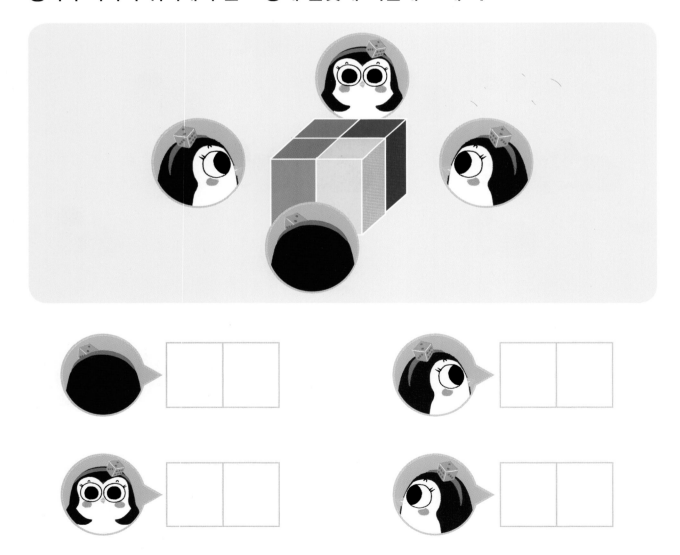

● 닮은 모양이 아닌 것에 ✕표 하세요.

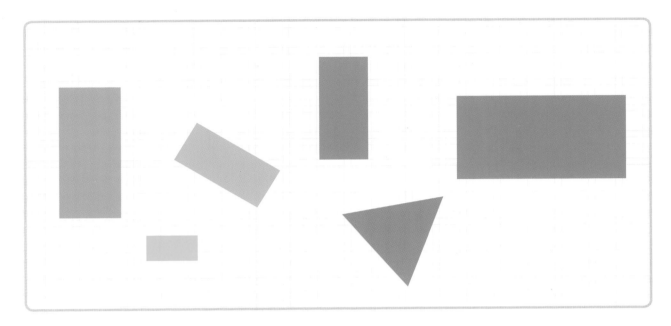

● 색종이를 반으로 접어 선을 따라 자른 다음 펼쳤을 때 나오는 모양을 선으로 이어 보세요.

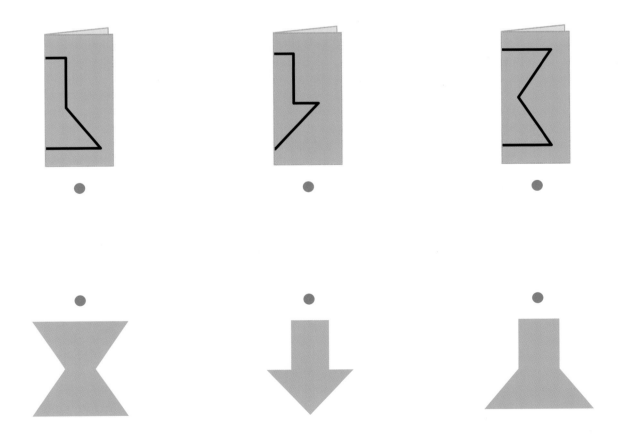

● 냥이의 위치에서 본 모양에 ○표 하세요.

● 왼쪽 모양을 선을 따라 자른 조각을 모두 찾아 ○표 하세요.

● 주어진 모양 조각들로 만들 수 있는 모양에 ○표 하세요.

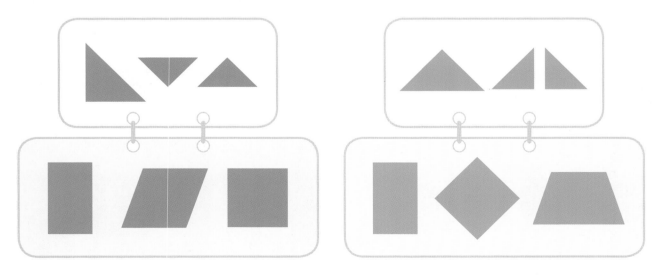

● 두 그림에서 서로 다른 모양이 놓인 곳은 모두 몇 군데인지 쓰세요.

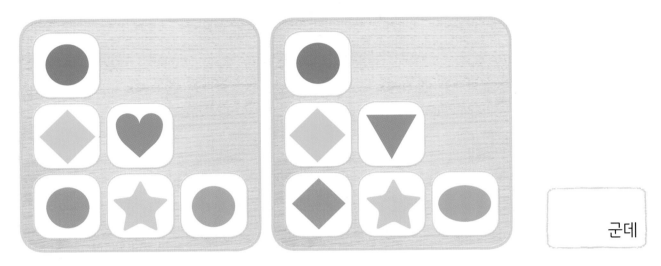

군데

● 토끼가 이사를 갔습니다. 토끼가 움직인 방법을 알아보고 □ 안에 알맞은 수를 쓰세요.

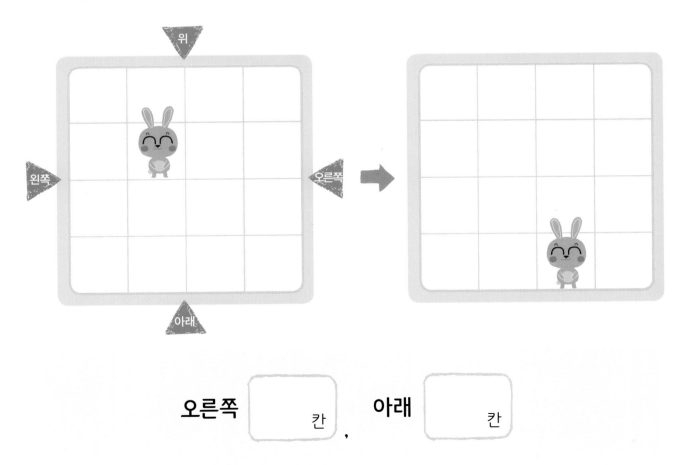

오른쪽 ⬚ 칸 , 아래 ⬚ 칸

● 점선 위에 거울을 놓고 보았습니다. 거울에 비친 모양을 알맞게 색칠해 보세요.

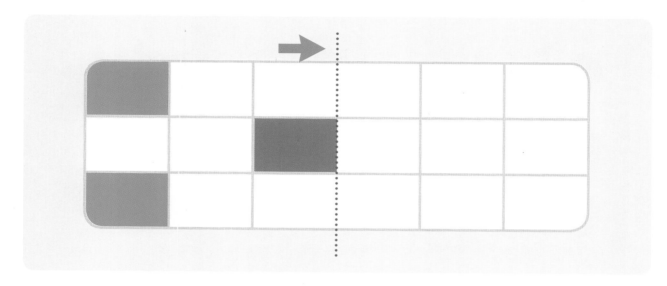

● 쌓기나무를 여러 방향에서 본 모양을 알맞게 색칠해 보세요.

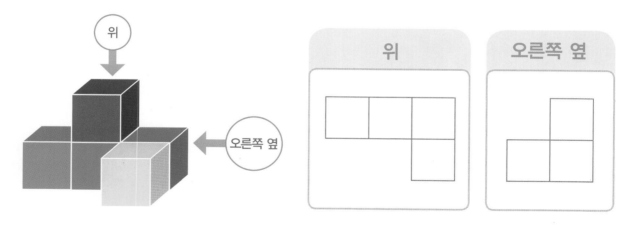

● 주어진 모양을 겹쳐서 만든 그림자가 아닌 것에 ✕표 하세요.

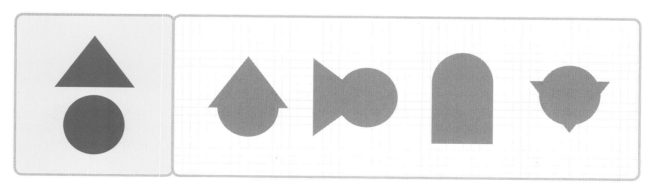

● 주어진 위치에 맞게 알맞은 모양을 그려 보세요.

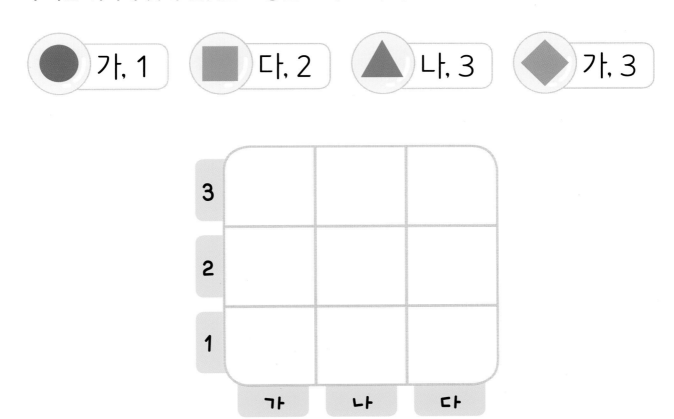

● 왼쪽 모양과 닮은 것을 모두 찾아 ○표 하세요.

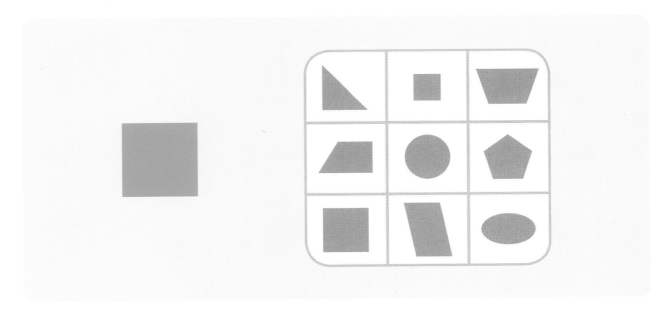

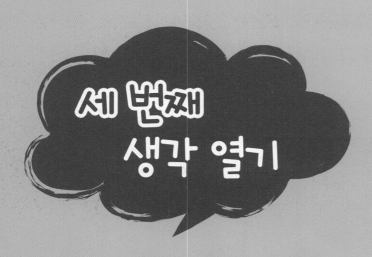

세 번째 생각 열기

방을 정리해요

펭이가 방에 어질러진 물건들을 서랍장에
▲ 모양, ■ 모양, ● 모양별로 정리하려고 해요.
서랍장에 스티커를 붙여 물건들을 정리해 보세요.

활동북 3쪽

모양별로
정리해 봐야지.

세모, 네모, 동그라미 그리기

세모집, 네모집, 동그라미집을 색연필로 따라 그려 보세요.

세모 모양은 뾰족한 곳이 3군데 있고, 네모 모양은 뾰족한 곳이 4군데 있어. 또, 뾰족한 곳이 없고, 둥근 부분만 있는 것은 동그라미 모양이야.

50

● 모양이 다른 하나를 찾아 ✕표 하세요.

● 세모 모양은 빨간색, 네모 모양은 파란색, 동그라미 모양은 노란색으로 칠해 보세요.

개념 탐구 2 다양한 형태의 세모, 네모, 동그라미

세모, 네모, 동그라미 개수 세기

모양 조각 스티커를 붙여 보고 세모, 네모, 동그라미 모양 스티커를 각각 몇 개씩 사용했는지 쓰세요. 활동북 3쪽

세모 모양, 네모 모양에도 여러 가지가 있구나!

세모 ⬚ 개   네모 ⬚ 개   동그라미 ⬚ 개

● 펭이와 냥이가 풀밭에서 놀고 있는데, 여러 모양이 바람에 날아갔습니다. 알맞은 스티커를 붙여서 그림을 완성해 보세요. 활동북 3쪽

● 주어진 설명을 읽고 알맞은 모양을 찾아 ○표 하세요.

곧은 선 : 4개
뾰족한 부분 : 4곳

둥근 부분이 있어요.
뾰족한 부분이 없어요.

곧은 선 : 3개
뾰족한 부분 : 3곳

● 세모 모양 2개로 만들 수 있는 모양을 모두 찾아 ○표 하세요.

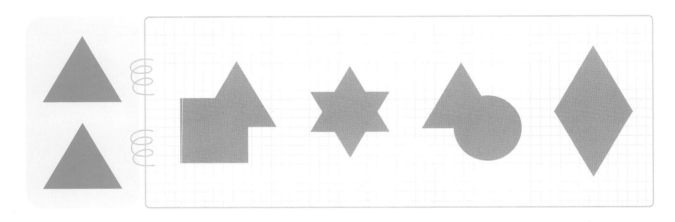

● 네모 모양 2개로 만들 수 없는 모양을 찾아 ✕표 하세요.

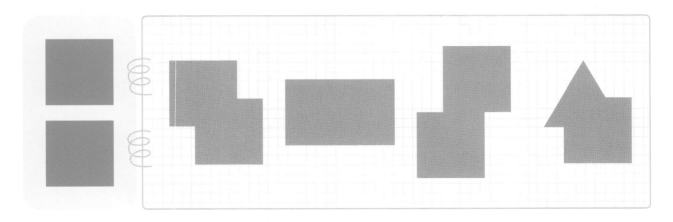

● 세모, 네모, 동그라미 모양으로 꾸민 기차입니다. 각각 몇 개씩 사용했는지 빈칸에 알맞은 수를 쓰세요.

세모	개	네모	개	동그라미	개

● 그림자 안에 ▲, ■, ● 모양이 숨겨져 있습니다. ▲, ■, ● 모양은 각각 몇 개인지 빈칸에 알맞은 수를 쓰세요.

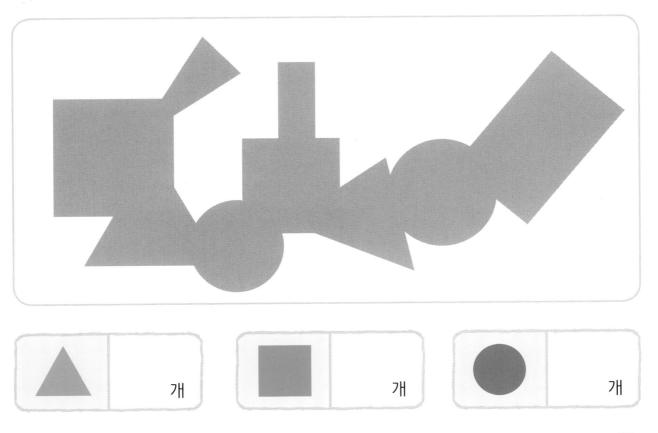

개념 탐구 3 점과 점을 이어 그림 그리기

똑같이 그리기

점과 점을 이어서 왼쪽 그림과 똑같이 그려 보세요.

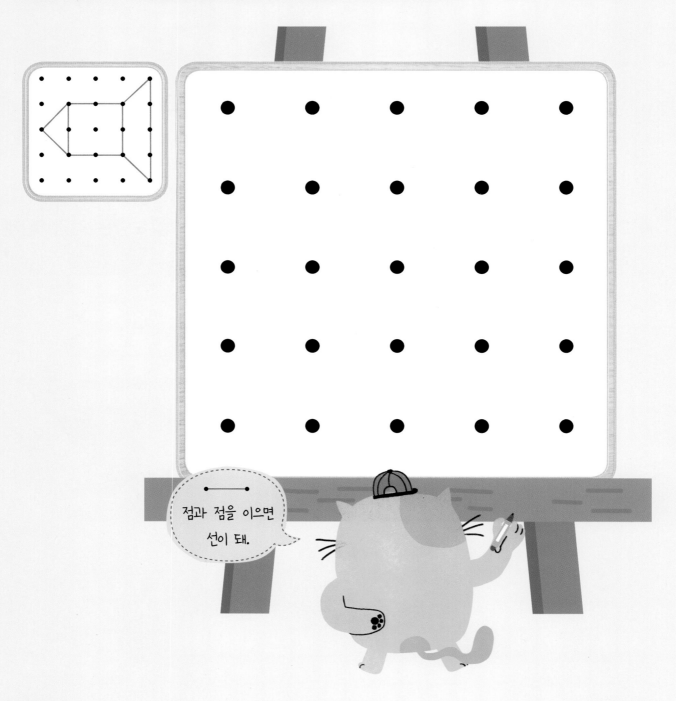

점과 점을 이으면 선이 돼.

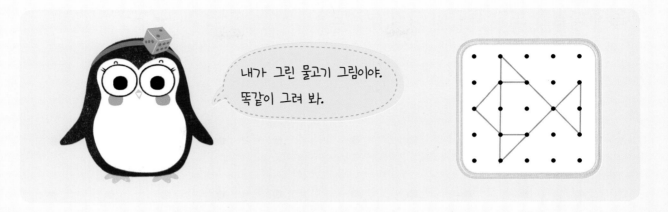

내가 그린 물고기 그림이야.
똑같이 그려 봐.

● 왼쪽 그림을 보고 똑같이 그려 보세요.

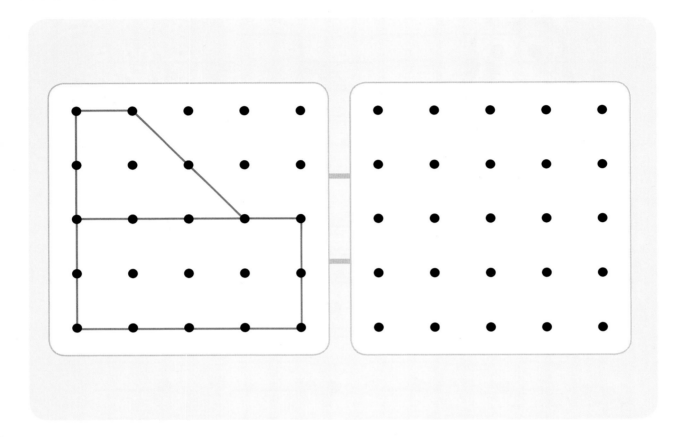

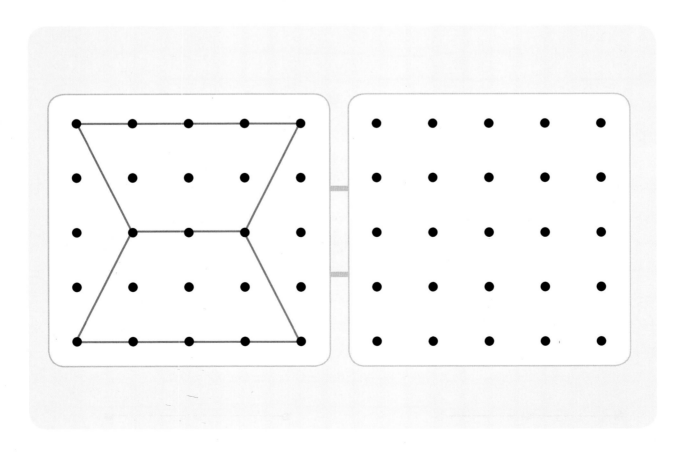

● 같은 색깔의 점끼리 선으로 이어 보고, 세모 모양과 네모 모양은 각각 몇 개인 지 빈칸에 알맞은 수를 쓰세요.

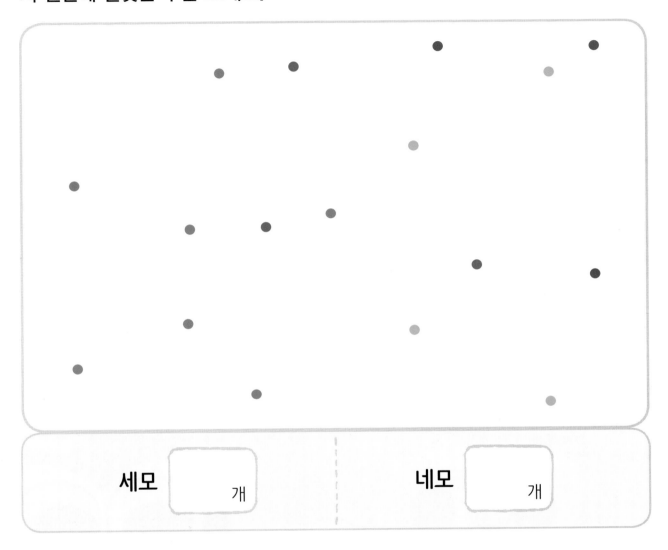

세모 □ 개   네모 □ 개

● 점과 점을 잇는 곧은 선 1개를 그어서 세모와 네모로 나누어 보세요.

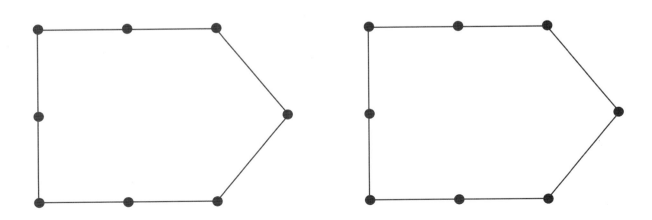

LET'S PLAY

같은 모양을 찾아요. 활동북 10쪽

1 별 그림 카드 10장을 뒤집어 활동판에 한 장씩 놓습니다.

2 달 그림 카드 10장을 뒤집어 활동판에 쌓아 놓습니다.

3 순서를 정하여 달 그림 카드와 별 그림 카드를 한 장씩 뒤집어 같은 모양이 나오면 카드를 가져가고 기록판에 ○표 합니다.
(단, 세모는 세모끼리, 네모는 네모끼리, 동그라미는 동그라미끼리 같은 모양입니다.)

4 카드를 더 많이 모은 사람이 이깁니다.

ACTIVE BOARD

- 별 그림 카드

카드 놓는 자리	카드 놓는 자리	카드 놓는 자리	카드 놓는 자리	카드 놓는 자리
카드 놓는 자리	카드 놓는 자리	카드 놓는 자리	카드 놓는 자리	카드 놓는 자리

- 달 그림 카드

기록판

이름	1회	2회	3회	4회	5회	이긴 사람

확인학습

● 가은, 재일, 수미가 사다리 타기를 합니다. 물음에 답하세요.

사다리 타기의 규칙은 아래로 내려가다가, 옆으로 가는 선이 나오면 무조건 건너야 해.

또 갔던 길은 다시 갈 수 없어.

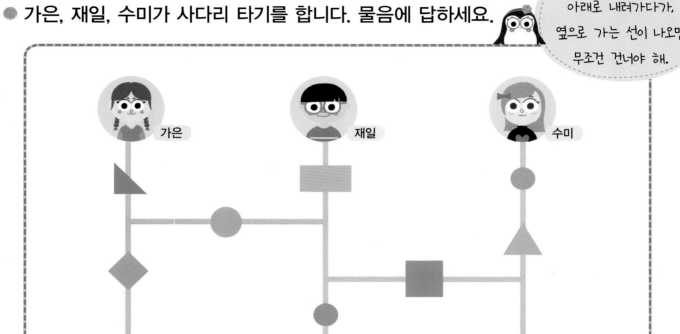

1 가은이는 동그라미 모양을 집에 데려다 주었습니다. 가은이가 집에 데려다 준 동그라미 모양은 몇 개인가요?

개

2 재일이는 네모 모양을 집에 데려다 주었습니다. 재일이가 집에 데려다 준 네모 모양은 몇 개인가요?

개

3 수미는 세모 모양을 집에 데려다 주었습니다. 수미가 집에 데려다 준 세모 모양은 몇 개인가요?

개

● 왼쪽 모양에 알맞은 이름을 찾아 선으로 이어 보세요.

● 동그라미

● 세모

● 네모

● 세모, 네모, 동그라미 모양으로 꾸민 눈사람입니다. 각각 몇 개씩 사용했는지 빈칸에 알맞은 수를 쓰세요.

세모　　　　개

네모　　　　개

동그라미　　　　개

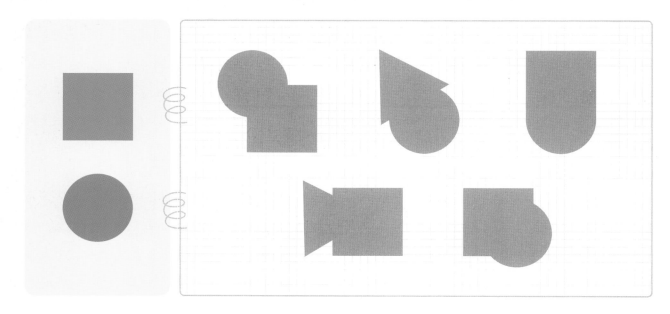

● 오른쪽 모양으로 만들 수 없는 모양을 모두 찾아 ✕표 하세요.

● 왼쪽 글이 설명하는 모양을 찾아 선으로 이어 보세요.

곧은 선 : 3개
뾰족한 부분 : 3곳

•　　　　　•　

곧은 선 : 4개
뾰족한 부분 : 4곳

•　　　　　•　

뾰족한 부분이 없어요.
둥근 부분이 있어요.

•　　　　　•　

● 같은 색의 점과 점을 곧은 선으로 이어 울타리를 만들어보고 만들어지는 울타리는 어떤 모양인지 알맞은 이름을 쓰세요.

소

토끼

곰

● 주어진 모양을 선을 따라 잘랐습니다. 어떤 모양이 각각 몇 개씩 만들어지는지 빈칸에 알맞은 수를 쓰세요.

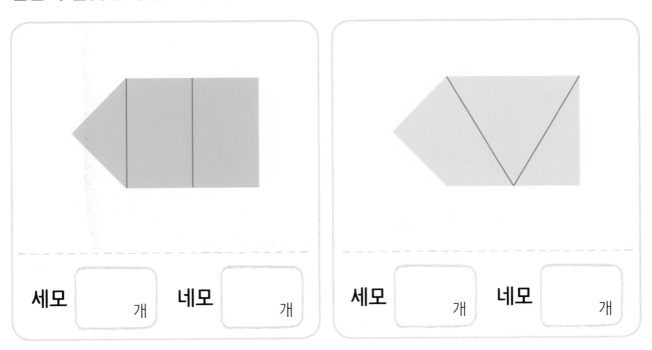

세모 ⬜ 개   네모 ⬜ 개

세모 ⬜ 개   네모 ⬜ 개

생일 파티를 해요

펭이와 냥이는 생일 파티에 필요한 물건들을 사기 위해
슈퍼마켓에 왔습니다. 펭이와 냥이가 어떤 것들을 샀는지
알맞은 스티커를 붙여 보세요.

활동북 4쪽

공 모양, 상자
모양을 사자!

둥근 기둥 모양도
선물하자!

입체도형

비슷한 모양 찾기

펭이와 냥이가 산 물건들을 살펴보고 **비슷한 모양**의 스티커를 붙여 보세요. 활동북 4쪽

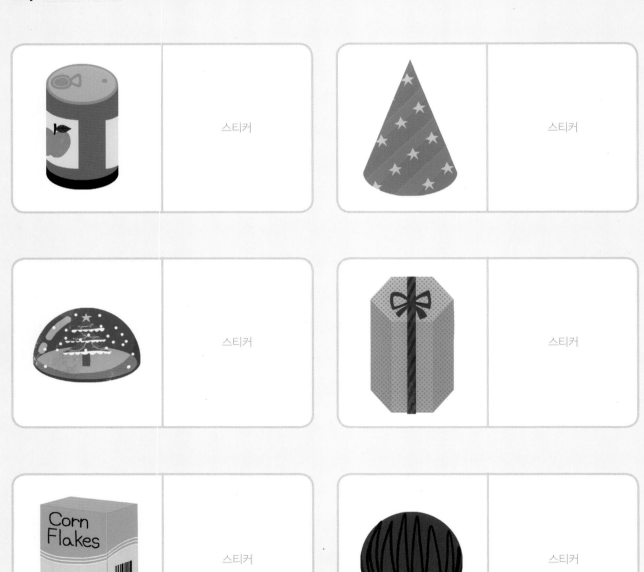

탑을 만들어보자!

펭이와 냥이가 상자를 이용하여 오른쪽 그림과 같은 모양의 탑을 만들려고 해요. 아래쪽부터 스티커를 붙여 탑을 만들어 보세요. 활동북 4쪽

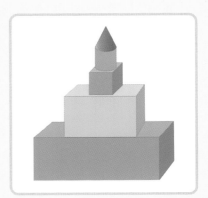

윗면이 평평한 것도 있고, 뾰족한 것도 있구나!

스티커

● 왼쪽 모양과 비슷한 모양의 물건을 찾아 ○표 하세요.

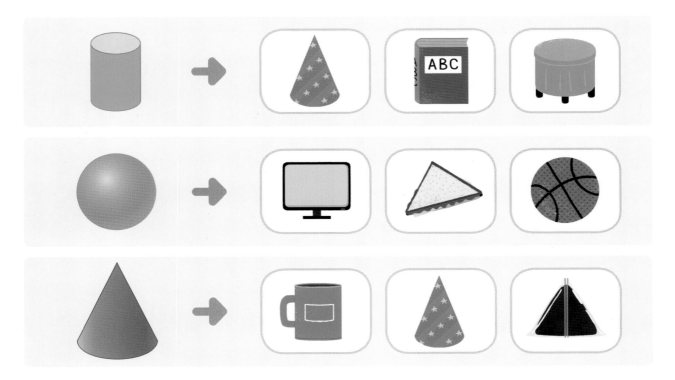

● 모양의 일부분을 보고, 전체 모양으로 알맞은 것을 찾아 ○표 하세요.

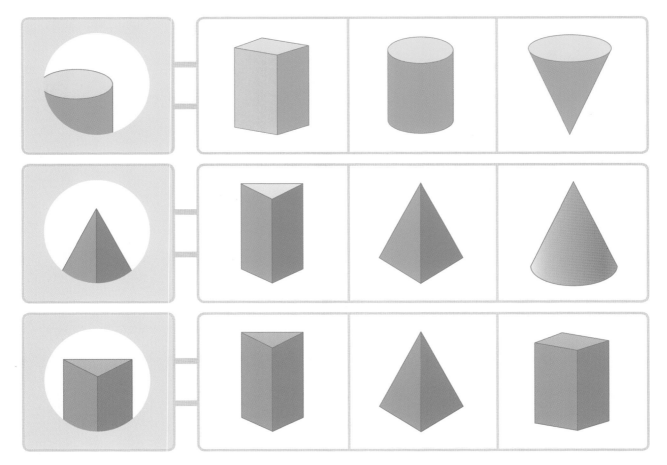

● 왼쪽과 같은 모양을 만들 때 필요한 모양을 모두 찾아 ○표 하세요.

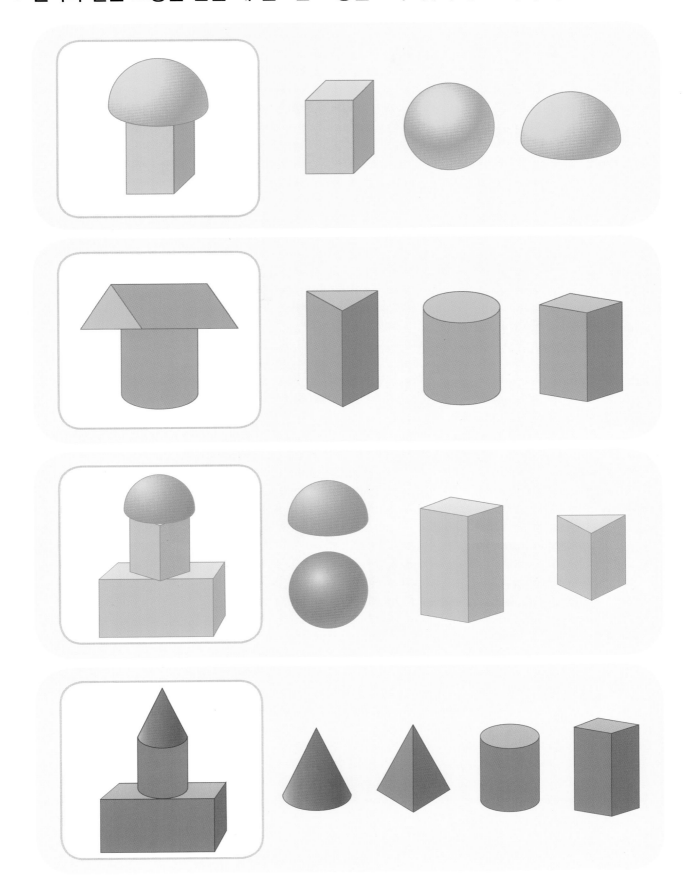

입체도형 알아보기

모양 블럭 정리하기

펭이와 냥이가 여러 가지 모양의 블럭들을 장난감 바구니에 정리하려고 해요. 그런데 엄마가 윗면이 뾰족한 것과 윗면이 평평한 것으로 구분해서 정리하라고 했어요. 빈칸에 알맞은 스티커를 붙여 보세요. 활동북 5쪽

윗면이 뾰족하면 '뿔'이고, 윗면이 평평하면 '기둥'이라고 해.

윗면이 뾰족한 것	윗면이 평평한 것

● 펭이와 냥이의 설명에 알맞은 모양을 찾아서 ○표 하세요.

위에서 봤을 때 ▨모양인 것을 찾아줘.

공처럼 생긴 모양을 찾아줘.

잘 굴러가는 모양을 2개 찾아줘.

쌓을 수 없는 모양을 2개 찾아줘.

● 동물 친구들의 설명에 맞게 알맞은 색을 칠해 보세요.

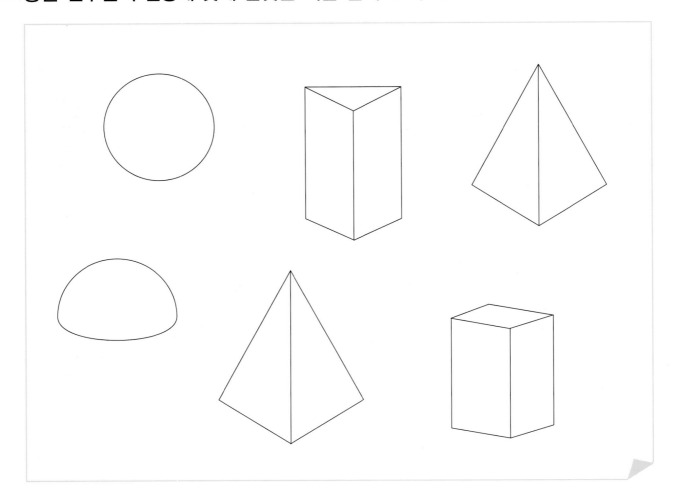

뾰족해서,
쌓을 수 없는 모양은
노란색으로 칠해.

공처럼
잘 굴러가는 모양은
파란색으로 칠해.

평평한 면이 있어서
잘 쌓을 수 있는 모양은
빨간색으로 칠해.

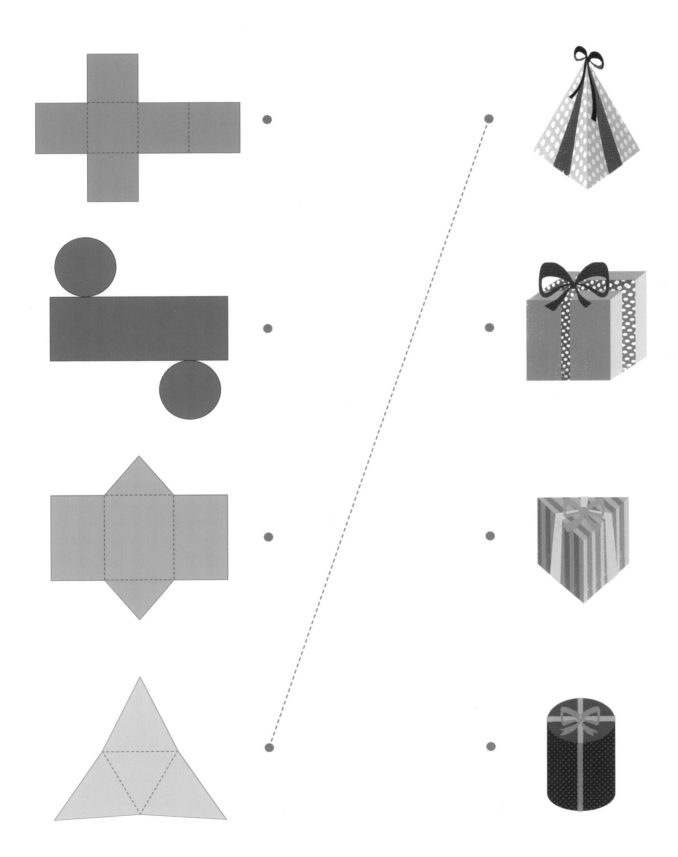

가은이가 선물을 포장하려고 종이를 접어 여러 가지 모양의 상자를 만들었습니다. 펼친 종이를 접은 모양으로 알맞은 것을 찾아 선으로 이어 보세요.

입체도형은 어떻게 보일까

눈에 보이는 모양 찾기

숲 속 동물들이 나무 그루터기를 여러 방향에서 보았어요. 나무 그루터기
는 동물들에게 어떻게 보일까요? 각각의 동물들에게 보이는 모양을 찾아
○표 하세요.

● 화살표 방향에서 보았을 때, 보이는 모양을 찾아 선으로 이어 보세요.

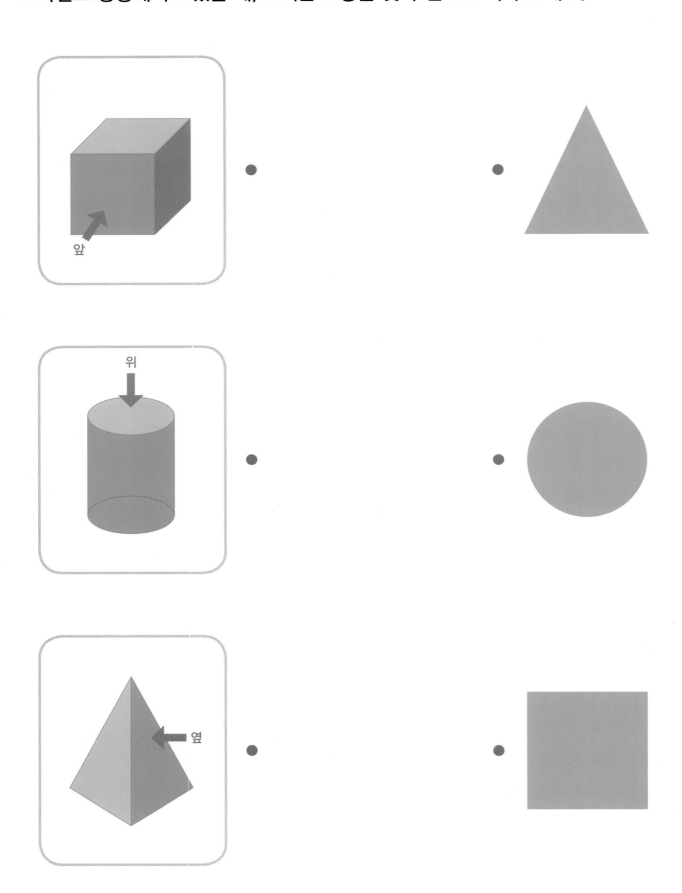

왼쪽 모양을 위, 앞, 옆에서 본 모양을 찾아 스티커를 붙여 보세요. 활동북 5쪽

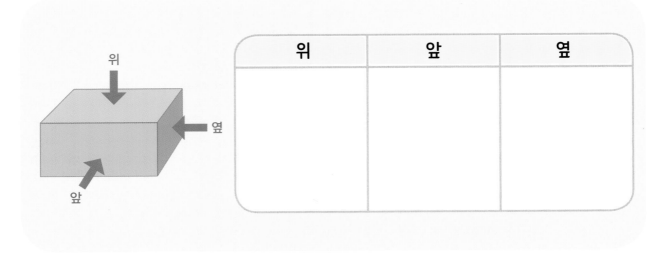

위	앞	옆

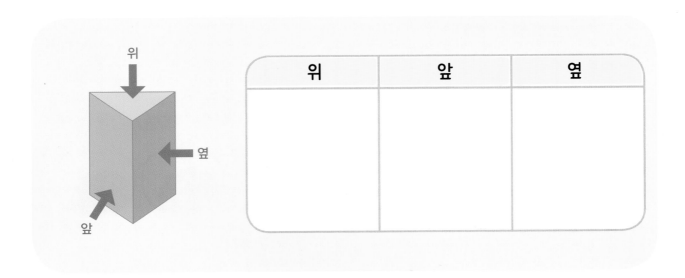

위	앞	옆

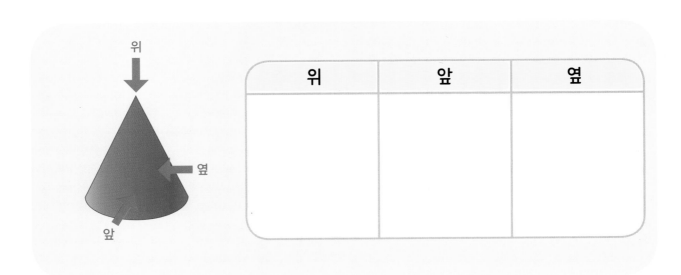

위	앞	옆

LET'S PLAY

소풍을 가요! 활동북 11쪽

● 펭이와 냥이가 소풍을 갔어요. 맛있는 과자와 달콤한 주스도 가져왔어요.
과자 상자와 주스가 담긴 캔을 직접 만들어 보세요.

과자 상자를
잘라서 펼쳤더니
이런 모양이 나왔어.

이 종이로 주스가
담긴 캔 모양을
만들 수 있어.

● 여러 가지 모양들이 달리기를 하고 있습니다. 그림을 보고 물음에 답하세요.

1 어느 방향으로나 잘 굴러가서 결승선에 1등으로 도착할 수 있는 모양에 ○표 하세요.

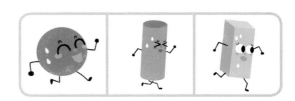

2 뾰족한 부분이 있고 3등으로 달리는 모양에 ○표 하세요.

3 5등으로 달리고 있는 모양을 위에서 본 모양에 ○표 하세요.

● 펭이와 냥이가 설명하는 모양을 찾아 스티커를 붙여 보세요. 활동북 5쪽

어디서 봐도 동그라미 모양이에요.

어느 방향으로나 잘 굴러가요.

스티커

평평한 부분이 있어서 쌓을 수 있어요.

굴러가지 않아요.

스티커

● 다음에서 설명하는 모양을 찾아 ○표 하세요.

쌓을 수 있습니다.
위에서 보면 동그라미 모양입니다.
눕히면 잘 굴러갑니다.

● ▲, ■,● 모양을 사용하여 꾸민 로봇입니다. 물음에 답하세요.

1 ▲ 모양은 몇 개인가요?

개

2 ■ 모양은 몇 개인가요?

개

3 ● 모양은 몇 개인가요?

개

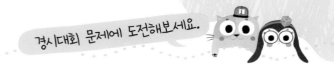

● 다음은 2개의 모양을 겹친 부분을 나타낸 그림입니다. 어떤 모양 2개를 겹친 부분인지 알맞은 것을 찾아 ○표 하세요.

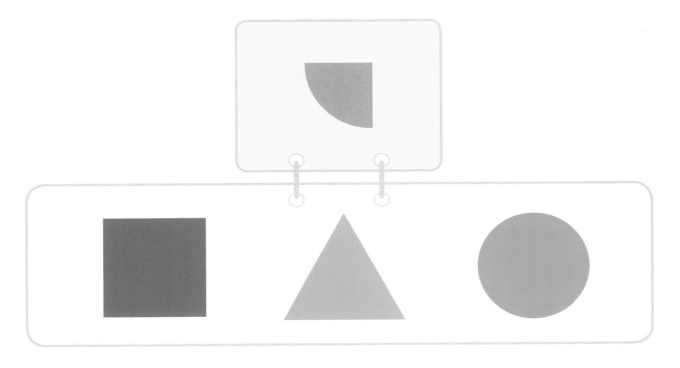

● 주어진 모양을 선을 따라 잘랐습니다. 어떤 모양이 각각 몇 개씩 만들어지는지 빈칸에 알맞은 수를 쓰세요.

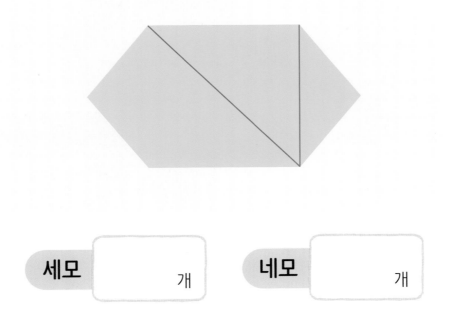

세모 ◻ 개   네모 ◻ 개

● 상자 모양, 둥근 기둥 모양, 공 모양 중에서 가장 많이 사용한 모양의 개수는 몇 개인가요?

개

● 펭이와 냥이가 설명하고 있는 모양에 ○표 하세요.

둥근 기둥 모양은 l개가 있어.

상자 모양이 4개가 있어.

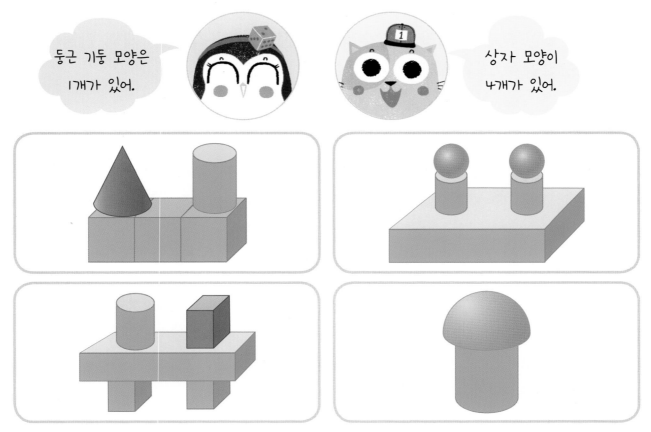

● 다음은 어떤 모양을 잘라서 펼친 그림입니다. 이 그림을 잘라 점선을 따라 접으면 어떤 모양이 되는지 알맞은 모양에 ○표 하세요.

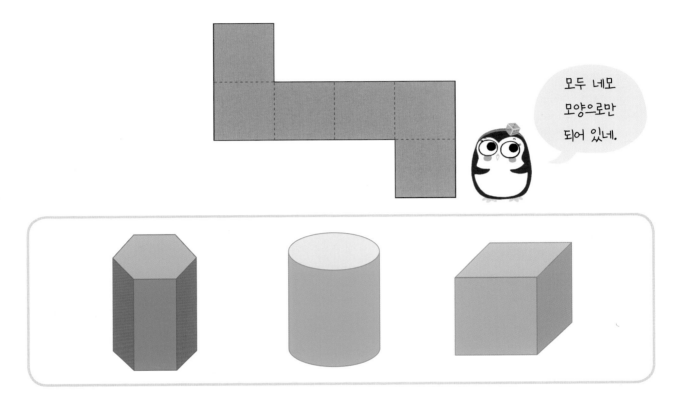

모두 네모 모양으로만 되어 있네.

● 다음 설명을 읽고 알맞은 모양을 찾아 ○표 하세요.

굴러가지 않습니다.
옆에서 보면 ▲모양입니다.

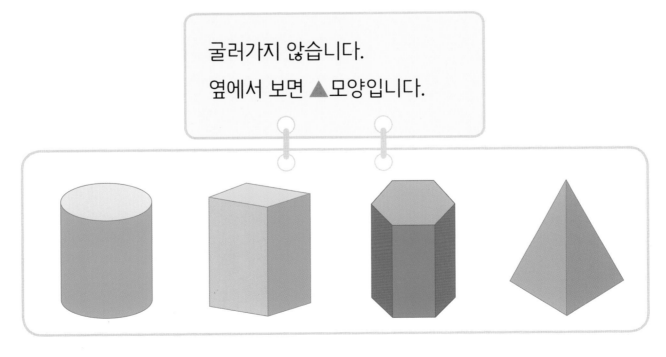

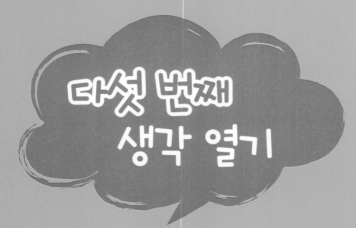

다섯 번째 생각 열기

집을 만들어요

펭이와 냥이가 숲 속에서 길을 잃었어요.
숲 속 미로를 지나며 모은 모양 조각들로 마지막에 집 모양을
맞춰야 미로에서 빠져 나올 수 있어요.
미로를 지나며 모은 모양 조각 스티커를 붙여 집 모양을
완성해 보세요. 활동북 2쪽

일곱 개의 모양 조각, 칠교

 **자동차 완성하기**

펭이와 냥이가 타고 있는 자동차를 완성하려고 해요. 칠교 조각을 놓아 그림을 맞추고 색칠하여 펭이와 냥이의 자동차를 완성해 보세요. 활동북 12쪽

네모 모양을 그림처럼 7조각으로 나눈 것을 칠교라고 해.

같은 모양 조각을 찾아서 맞춰 볼까?

● 칠교 조각을 놓아 꽃게 모양을 만들고, 스티커를 붙여 보세요. 활동북 6쪽, 12쪽

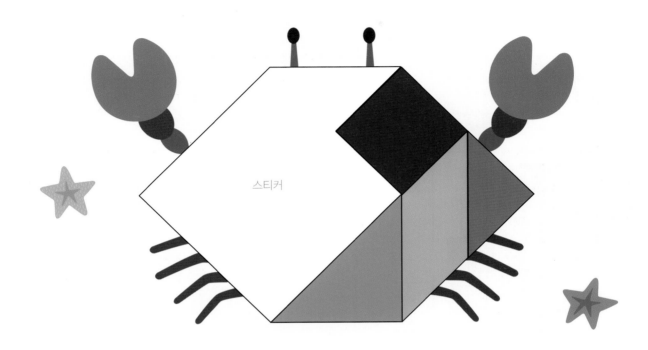

● 주어진 조각을 놓아 모양을 만들고 스티커를 붙여 보세요. 활동북 5쪽, 12쪽

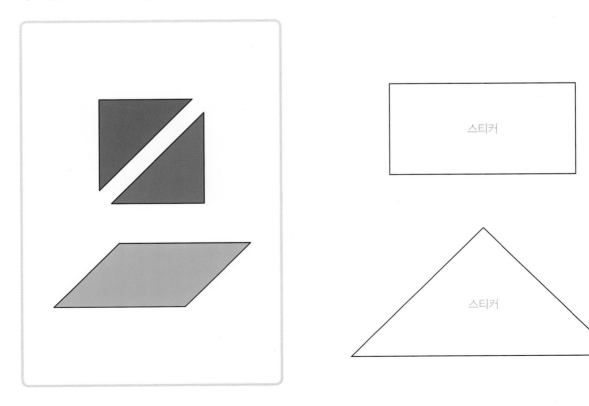

스티커

스티커

● 동물들이 미로를 탈출하면서 모은 칠교 조각을 놓아 모양을 만들고 스티커를 붙여 보세요. 활동북 6쪽, 12쪽

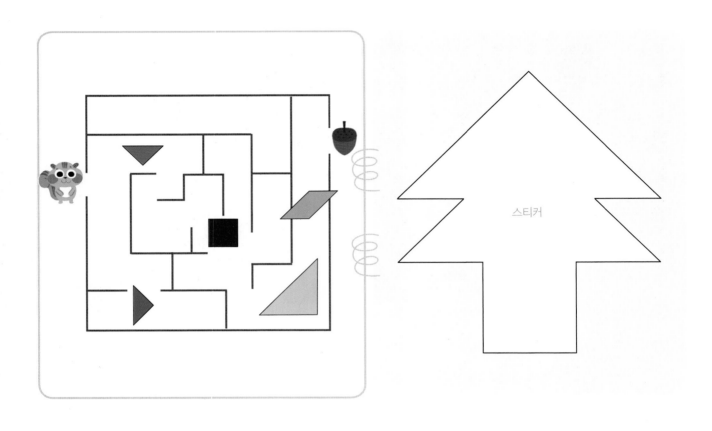

스티커

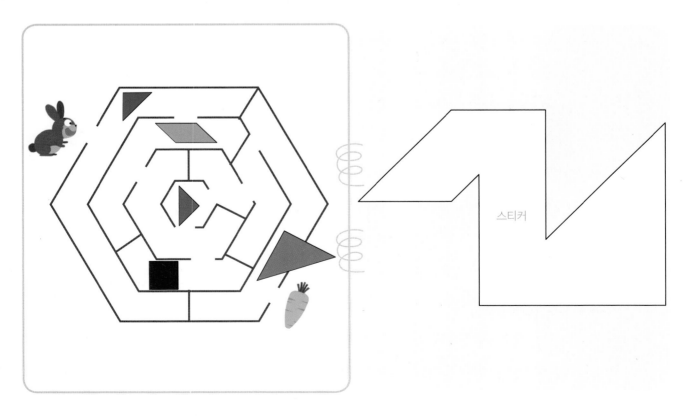

스티커

퍼즐 이불 만들기

이불 꾸미기

펭이의 이불에 사용할 퍼즐 조각은 4개의 ■로 이루어져 있고, 냥이의 이불에 사용할 퍼즐 조각은 5개의 ■로 이루어져 있어요. 알맞은 퍼즐 조각을 골라 스티커를 붙여서 펭이와 냥이의 이불을 꾸며 보세요. 활동북 6쪽

펭이 퍼즐 조각

냥이 퍼즐 조각

● 같은 모양 퍼즐 조각끼리 선으로 이어 보세요.

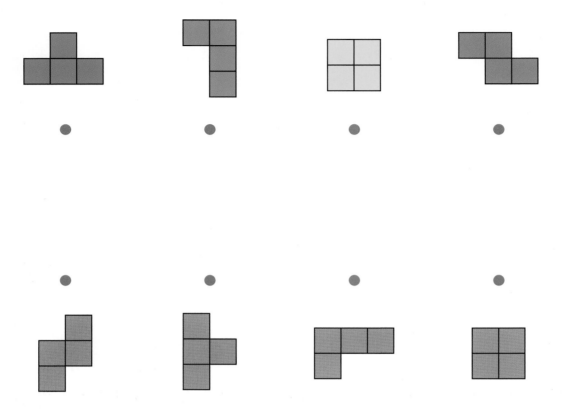

● 주어진 퍼즐 조각으로 오른쪽 모양을 맞추어 보고 선을 그어 보세요. 활동북 12쪽

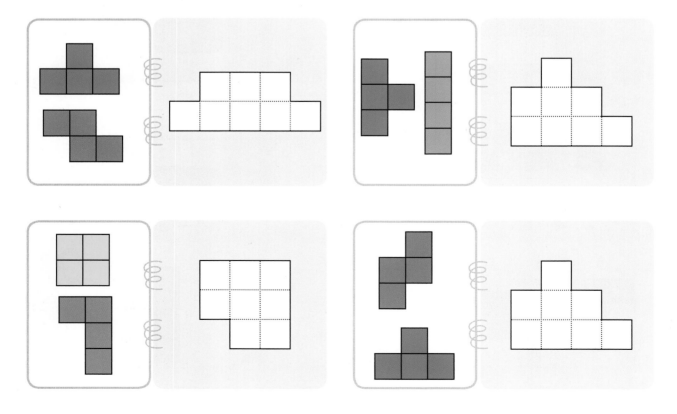

● 같은 모양 퍼즐 조각끼리 선으로 이어 보세요.

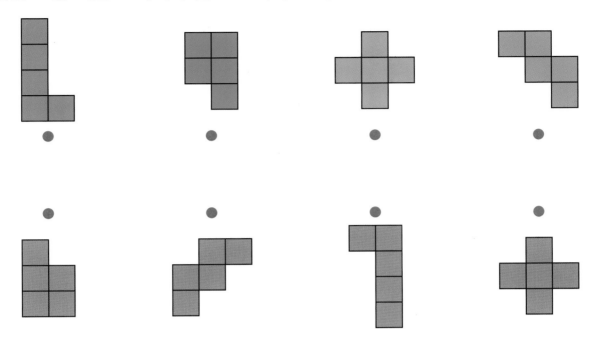

PLUS 도전! 보기와 같이 주어진 퍼즐 조각으로 오른쪽 모양을 맞추어 보고 색칠해 보세요.

활동북 12쪽

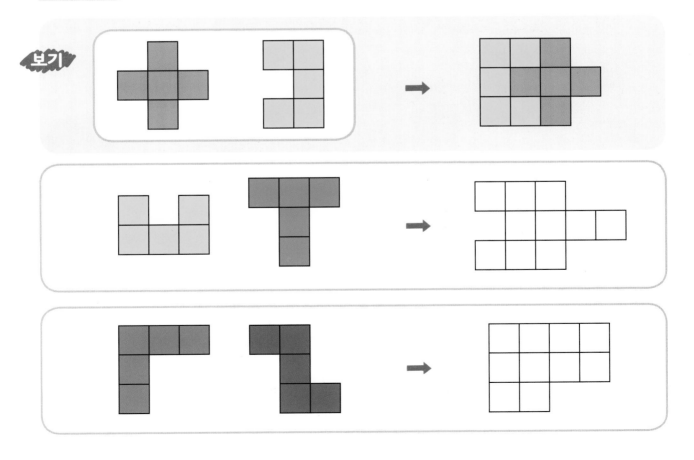

쌓기나무

건물 만들기

펭이와 냥이가 사는 동네의 지도예요. 쌓기나무 4개를 사용하여 지도에 나오는 건물과 같은 모양을 직접 만들어 볼까요? '펭이네 아파트'에서 길을 건너가며 순서대로 만들어 보세요. 단, 쌓기나무는 길을 건널 때마다 한 개씩만 옮길 수 있어요. 활동북 12-13쪽

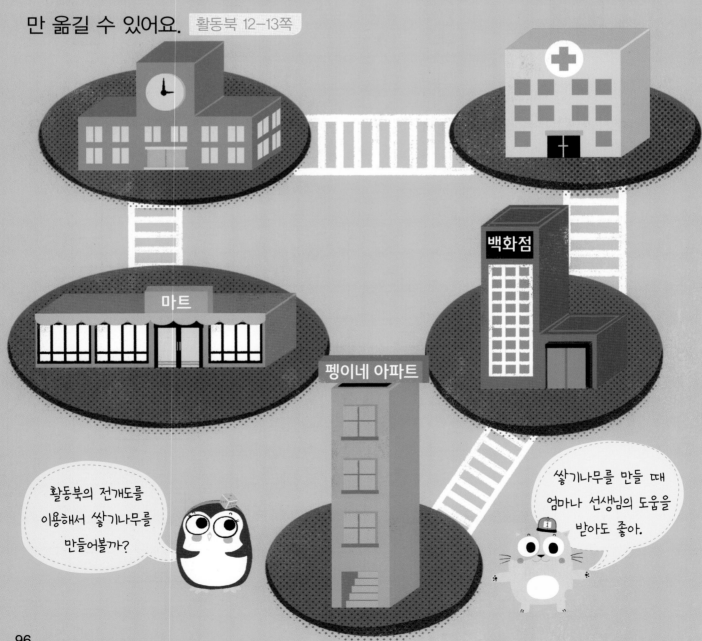

활동북의 전개도를 이용해서 쌓기나무를 만들어볼까?

쌓기나무를 만들 때 엄마나 선생님의 도움을 받아도 좋아.

● 쌓기나무로 다음 모양을 만들어 보고 쌓기나무의 개수를 세어 ☐ 안에 알맞은
수를 쓰세요. 활동북 12–13쪽

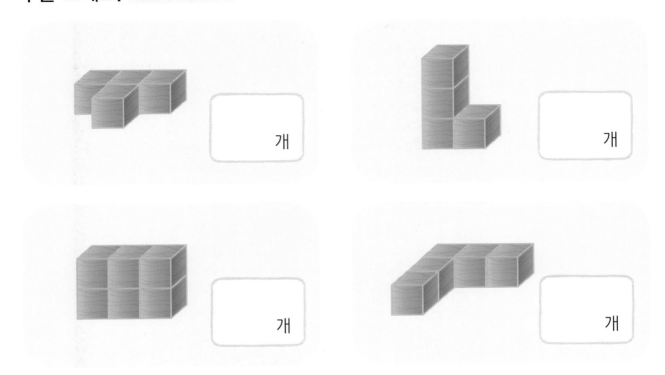

	개

	개

	개

	개

● 쌓기나무의 개수가 같은 것끼리 선으로 이어 보세요.

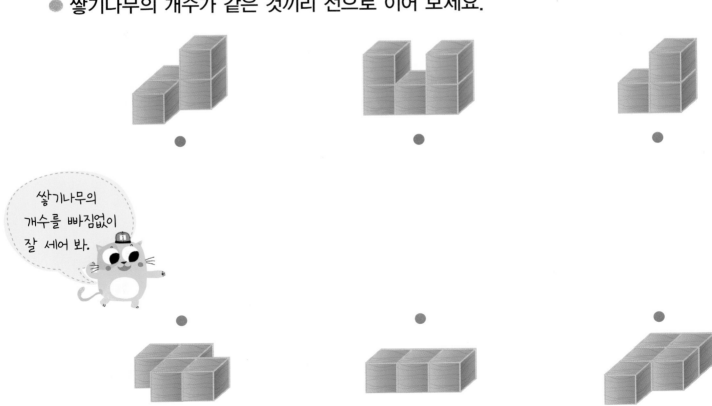

쌓기나무의
개수를 빠짐없이
잘 세어 봐.

● 왼쪽 모양에 쌓기나무 몇 개를 더 쌓아 오른쪽 모양을 만들었습니다. 보기와 같이 더 쌓은 쌓기나무에 ○표 하고 그 개수를 쓰세요.

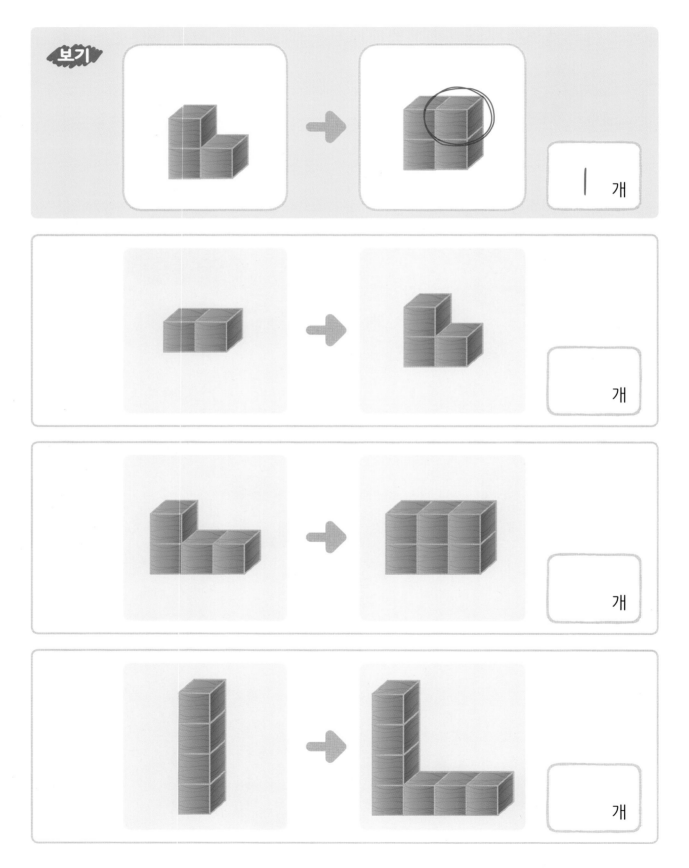

● 펭이가 쌓은 모양에서 냥이가 쌓기나무 한 개를 옮겨 모양을 바꾸고 옮긴 쌓기나무에 ○표 했습니다. 보기와 같이 옮긴 쌓기나무에 ○표 하세요.

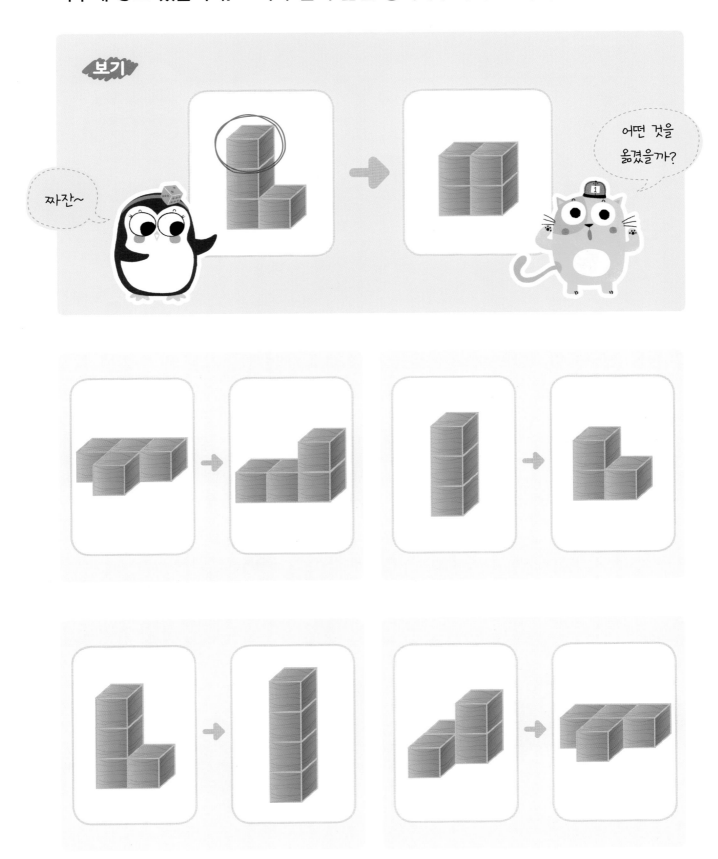

● 쌓기나무를 쌓아 만든 모양입니다. 보이지 않는 쌓기나무의 개수를 쓰세요.

숨어있는 쌓기나무를 찾아볼까?

개

PLUS 도전! 동물 친구들이 크리스마스 선물을 받았습니다. 선물을 가장 많이 받은 동물에 ○표 하세요. (단, 선물 상자의 크기는 모두 같습니다.)

LET'S PLAY

날 따라 해 봐요. 활동북 12-14쪽

① 쌓기나무 모양 카드를 한 장씩 뽑습니다.

② 상대방이 뽑은 카드의 모양과 똑같은 모양을 만듭니다.

③ 서로 만든 모양이 맞는지 확인합니다.

● 칠교 조각 중에서 세모 모양과 네모 모양은 각각 몇 개인지 쓰세요.

세모　　　□ 개

네모　　　□ 개

● 미로를 탈출하면서 모은 칠교 조각을 놓아 모양을 맞추어 보고 스티커를 붙여
보세요. 활동북 6쪽, 12쪽

스티커

● 주어진 퍼즐 조각으로 모양을 맞추어 보고 색칠해 보세요. 활동북 12쪽

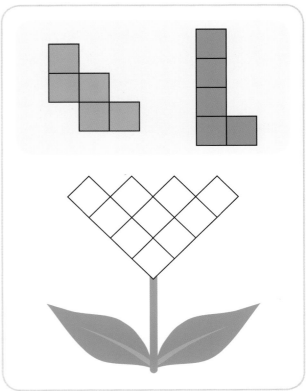

● 쌓기나무의 개수를 세어 ☐ 안에 알맞은 수를 쓰세요.

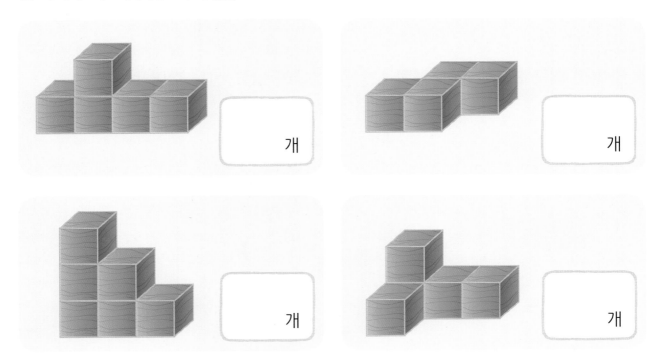

개

개

개

개

● 칠교 조각 5개를 이용하여 백조 모양을 만들고 선을 그어 보세요. 활동북 12쪽

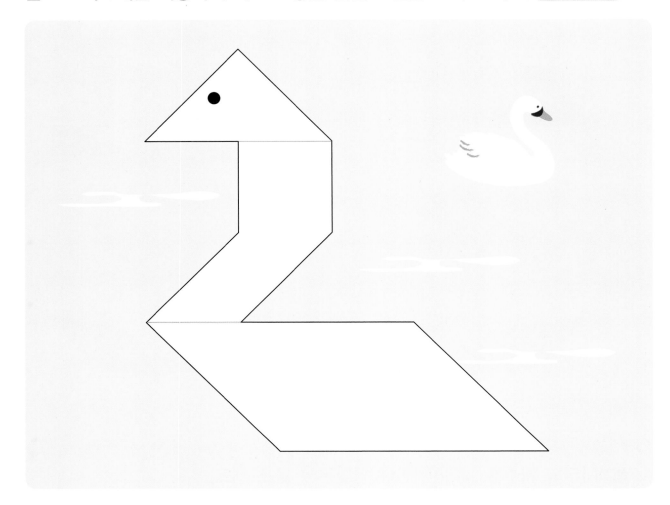

● 주어진 퍼즐 조각으로 오른쪽 모양을 맞추어 보고 선을 그어 보세요.

활동북 12쪽

● 주어진 조각을 놓아 모양을 만들고 선을 그어 보세요. 활동북 12쪽

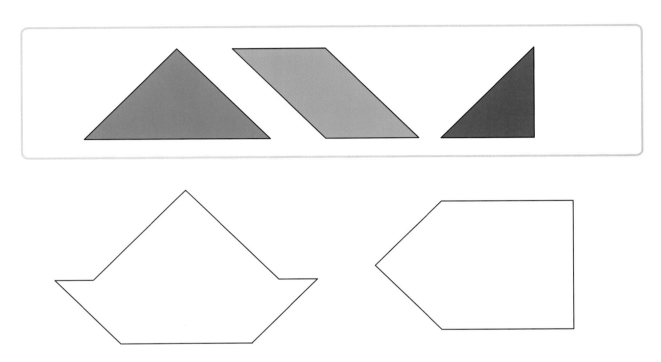

● 쌓기나무의 개수를 세어 ☐ 안에 알맞은 수를 쓰세요.

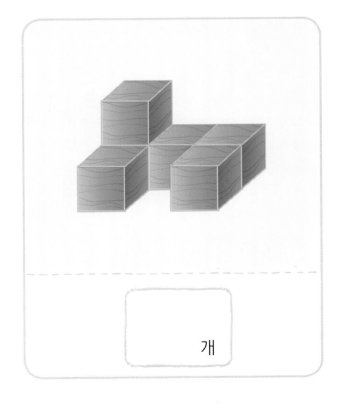

개

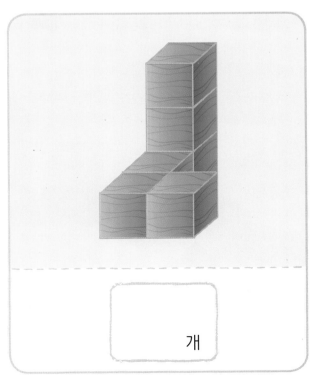

개

● 주어진 모양에서 쌓기나무 1개를 옮겨 만들 수 있는 모양을 모두 찾아 ○표 하세요.

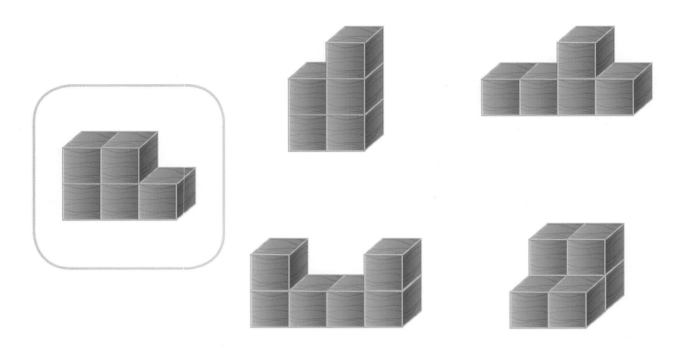

● 주어진 모양에서 쌓기나무 1개를 옮겨 만들 수 없는 모양을 찾아 ✕표 하세요.

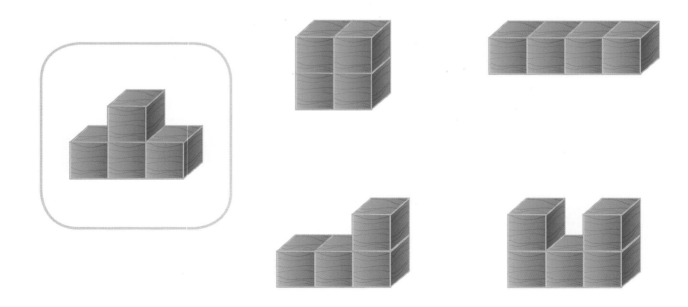

● 3개의 퍼즐 조각을 사용하여 아래 모양을 만들었습니다. ? 에 알맞은 모양을 찾아 ○표 하세요.

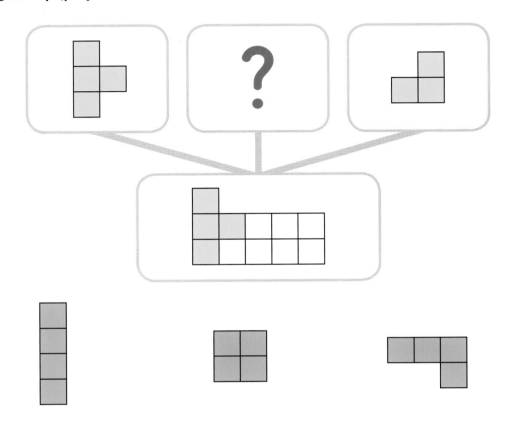

● 쌓기나무를 쌓은 모양입니다. 보이지 않는 쌓기나무의 개수를 쓰세요.

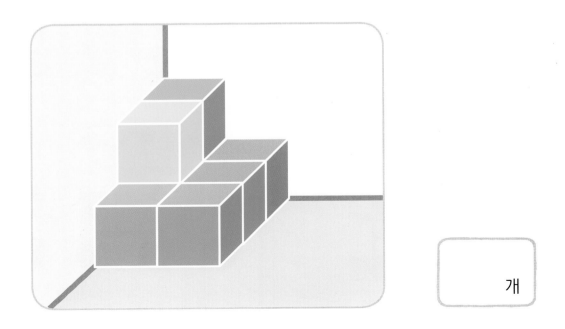

개

107

정답

첫 번째 생각 열기

엄마를 찾아주세요

펭이가 놀이공원에서 엄마를 잃어버려서 울고 있어요.
그래서 경찰 아저씨가 엄마 사진을 보고 같이 찾아보려고 합니다.
엄마를 찾아 〇표 하세요.

개념 탐구 1 — 같은 그림 속 다른 부분 찾기

다른 부분 찾기

펭이와 냥이가 놀이동산에서 신나게 놀고 있어요. 두 그림을 보고 다른 부분을 세 군데 찾아 위의 그림에 〇표 하세요.

● 두 그림에서 다른 부분을 찾아 오른쪽 그림에 〇표 하세요.

● 왼쪽 그림과 같은 그림에 〇표 하세요.

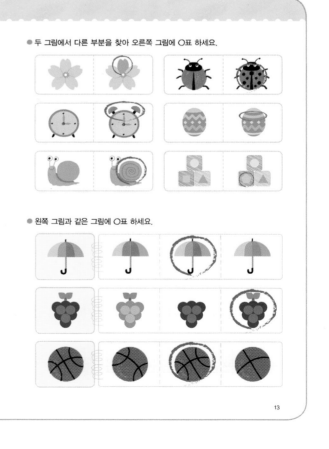

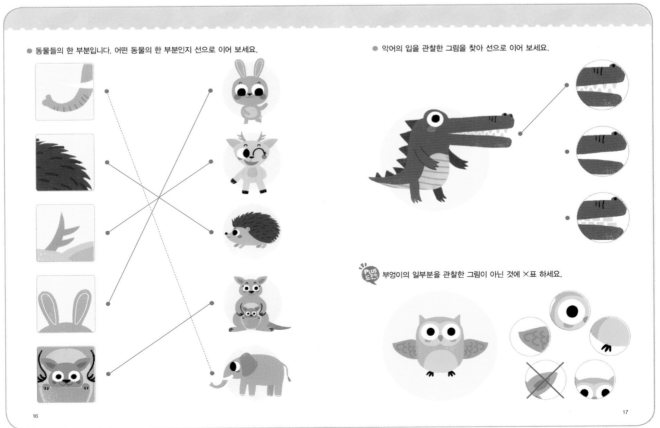

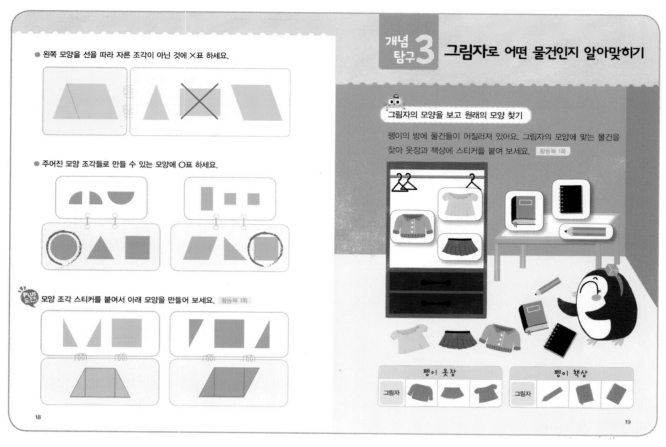

● 왼쪽 모양을 선을 따라 자른 조각이 아닌 것에 ✕표 하세요.

● 주어진 모양 조각들로 만들 수 있는 모양에 ○표 하세요.

PLUS 도전! 모양 조각 스티커를 붙여서 아래 모양을 만들어 보세요. 활동북 1쪽

18

개념 탐구 3 그림자로 어떤 물건인지 알아맞히기

그림자의 모양을 보고 원래의 모양 찾기

펭이의 방에 물건들이 어질러져 있어요. 그림자의 모양에 맞는 물건을
찾아 옷장과 책상에 스티커를 붙여 보세요. 활동북 1쪽

펭이 옷장			
그림자			

펭이 책상			
그림자			

19

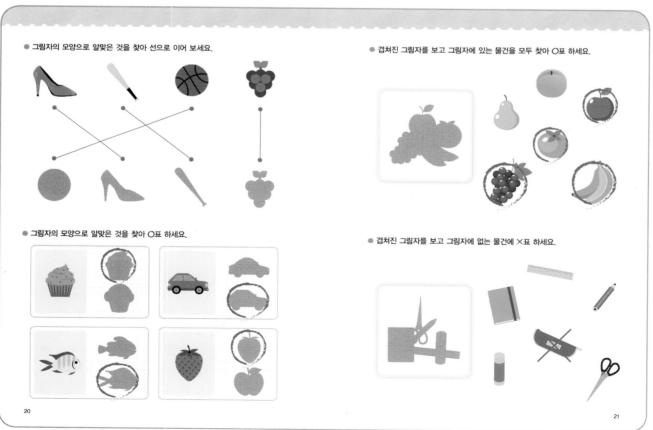

● 그림자의 모양으로 알맞은 것을 찾아 선으로 이어 보세요.

● 그림자의 모양으로 알맞은 것을 찾아 ○표 하세요.

20

● 겹쳐진 그림자를 보고 그림자에 있는 물건을 모두 찾아 ○표 하세요.

● 겹쳐진 그림자를 보고 그림자에 없는 물건에 ✕표 하세요.

21

LET'S PLAY

신나는 그림 퍼즐

● 퍼즐 조각을 붙여서 그림을 완성해 보세요.
활동북 7쪽

22

● 그림자 사파리입니다. 동물 그림자 스티커를 붙여 그림자 사파리를 완성해 보세요. 활동북 1쪽

23

확인 학습

● 그림을 보고 물음에 답하세요.

1 두 그림에서 다른 부분을 네 군데 찾아 오른쪽 그림에 ○표 하세요.

2 펭이가 손에 든 성냥개비의 수가 [1] 개에서 [2] 개로 바뀌었습니다.

3 그림에서 찾을 수 없는 물건에 ✕표 하세요.

24

● 빈 곳에 들어갈 알맞은 그림에 ○표 하세요.

● 겹쳐진 모양의 그림자입니다. 그림자에 있는 모양을 모두 찾아 ○표 하세요.

25

111

두 번째 생각 열기

두 번째
생각 열기

내 자리를 찾아줘

펭이가 극장에 갔어요. 펭이가 들고 있는 영화표에는 펭이 자리의 위치가 쓰여 있어요. 영화표를 보고 펭이의 자리를 찾아 ○표 하세요.

> 높은 쪽은 '위',
> 낮은 쪽은 '아래'로 표현할 수 있어.
> '왼쪽'은 왼손 방향으로
> '오른쪽'은 오른손 방향으로
> 구분할 수 있지!

CINEMA
앞에서 두 번째,
왼쪽에서 세 번째

26

개념
탐구 1 **위치와 방향**

주유소 찾기

방향을 말할 때는 위, 아래, 왼쪽, 오른쪽으로 말할 수 있어요. 또, 화살표로도 방향을 나타낼 수 있어요.

● 보기와 같이 🚗 를 알맞게 옮겨서 도착한 곳에 ⛽ 스티커를 붙여 보세요.
활동북 2쪽

● 병아리가 엄마 닭에게 가고 있습니다. 보기와 같이 주어진 방향의 순서대로 길을 나타내어 보세요.

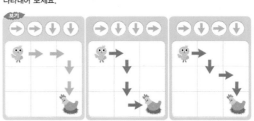

> 화살표 방향대로
> 차근차근 움직이면 엄마를
> 만날 수 있을 거야.

● 병아리가 엄마 닭을 찾아 움직인 방향의 순서대로 빈칸에 화살표 스티커를 붙여 보세요. 활동북 2쪽

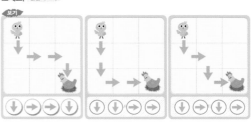

28

29

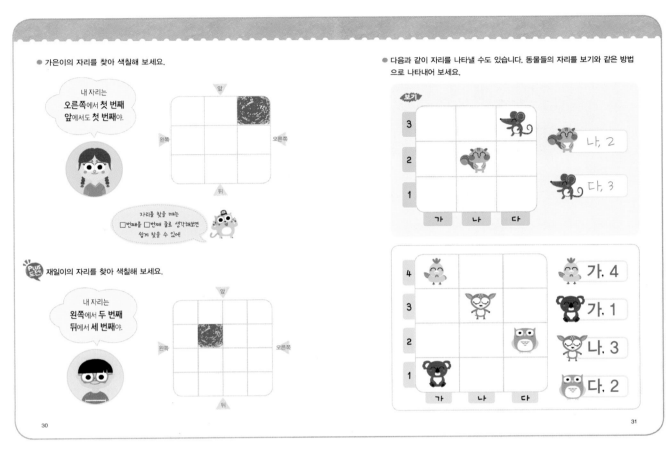

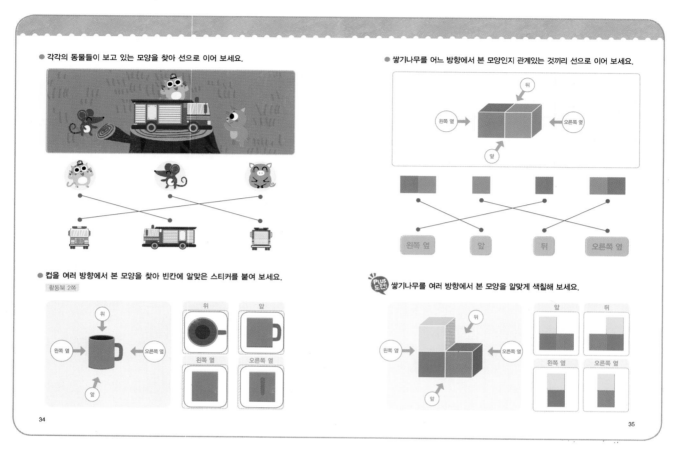

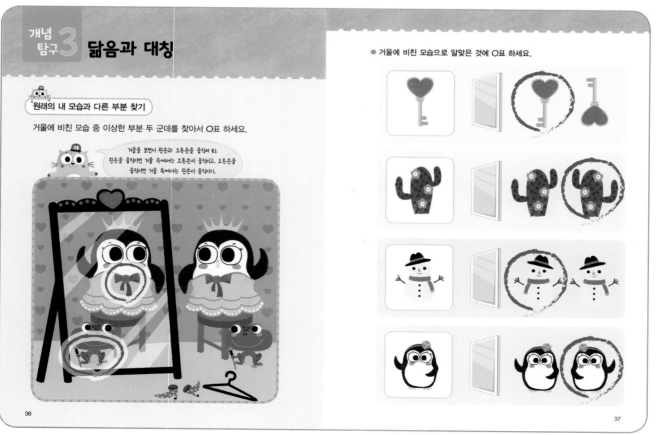

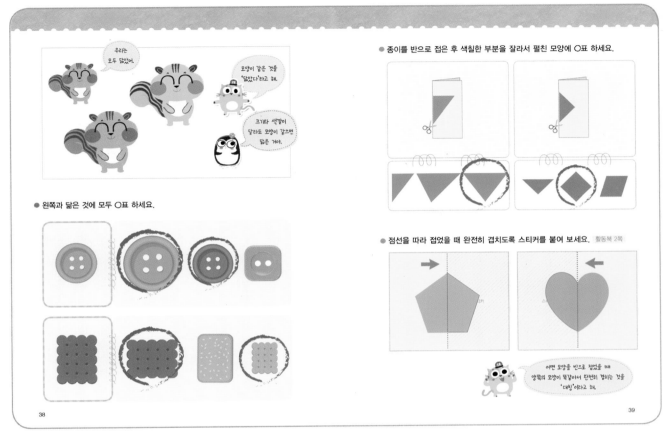

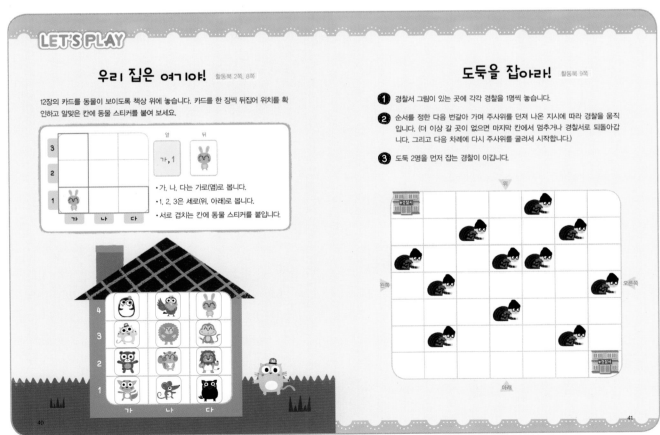

확인 학습

● 장난감의 위치를 찾아 서랍장에 스티커를 붙여 보세요. 활동북 2쪽

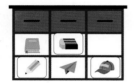

-  는 의 오른쪽에 넣어요.
- 는 의 아래에 넣어요.
- 는 의 위에 넣어요.

● 펭이가 각각의 위치에서 본 모양에 알맞게 색칠해 보세요.

● 닮은 모양이 아닌 것에 ×표 하세요.

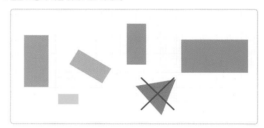

● 색종이를 반으로 접어 선을 따라 자른 다음 펼쳤을 때 나오는 모양을 선으로 이어 보세요.

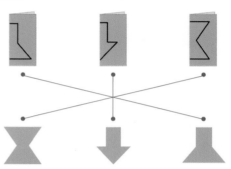

42

43

PLUS-UP 도전!

경시/대회 문제에 도전해보세요.

● 낭이의 위치에서 본 모양에 ○표 하세요.

● 왼쪽 모양을 선을 따라 자른 조각을 모두 찾아 ○표 하세요.

● 주어진 모양 조각들로 만들 수 있는 모양에 ○표 하세요.

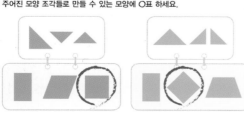

● 두 그림에서 서로 다른 모양이 놓인 곳은 모두 몇 군데인지 쓰세요.

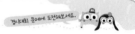

3 군데

● 토끼가 이사를 갔습니다. 토끼가 움직인 방법을 알아보고 □ 안에 알맞은 수를 쓰세요.

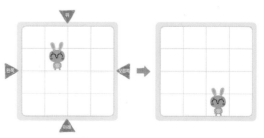

오른쪽 [1] 칸, 아래 [2] 칸

44

45

116

● 점선 위에 거울을 놓고 보았습니다. 거울에 비친 모양을 알맞게 색칠해 보세요.

● 쌓기나무를 여러 방향에서 본 모양을 알맞게 색칠해 보세요.

● 주어진 모양을 겹쳐서 만든 그림자가 아닌 것에 ×표 하세요.

● 주어진 위치에 맞게 알맞은 모양을 그려 보세요.

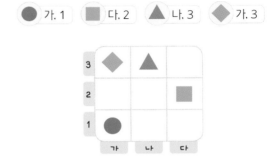

● 왼쪽 모양과 닮은 것을 모두 찾아 ○표 하세요.

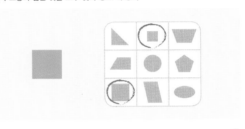

세 번째 생각 열기

세 번째
생각 열기

방을 정리해요

펭이가 방에 어질러진 물건들을 서랍장에
▲ 모양, ■ 모양, ● 모양별로 정리하려고 해요.
서랍장에 스티커를 붙여 물건들을 정리해 보세요.

활동북 3쪽

모양별로
정리해 봐야지.

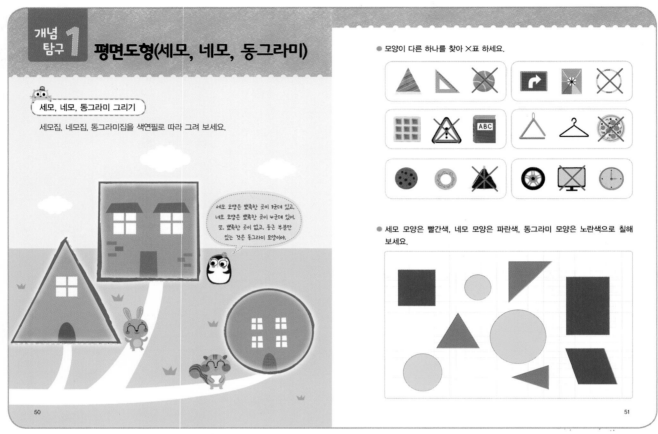

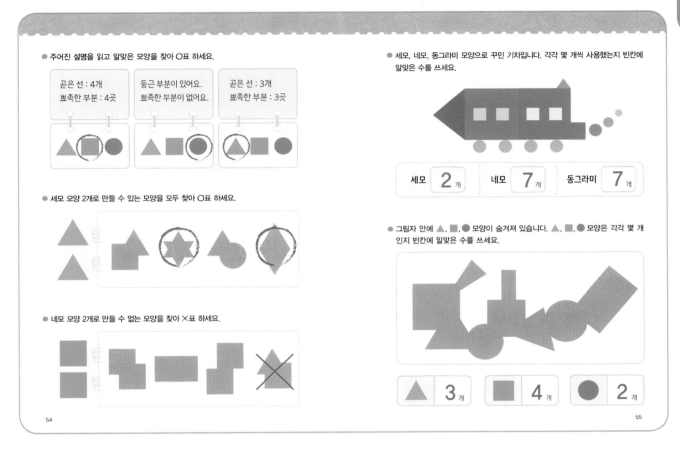

● 주어진 설명을 읽고 알맞은 모양을 찾아 ○표 하세요.

| 곧은 선 : 4개
뾰족한 부분 : 4곳 | 둥근 부분이 있어요.
뾰족한 부분이 없어요. | 곧은 선 : 3개
뾰족한 부분 : 3곳 |

● 세모 모양 2개로 만들 수 있는 모양을 모두 찾아 ○표 하세요.

● 네모 모양 2개로 만들 수 없는 모양을 찾아 ✕표 하세요.

● 세모, 네모, 동그라미 모양으로 꾸민 기차입니다. 각각 몇 개씩 사용했는지 빈칸에 알맞은 수를 쓰세요.

| 세모 | 2 개 | 네모 | 7 개 | 동그라미 | 7 개 |

● 그림자 안에 ▲, ■, ● 모양이 숨겨져 있습니다. ▲, ■, ● 모양은 각각 몇 개인지 빈칸에 알맞은 수를 쓰세요.

| ▲ 3 개 | ■ 4 개 | ● 2 개 |

54

55

개념 탐구 3 점과 점을 이어 그림 그리기

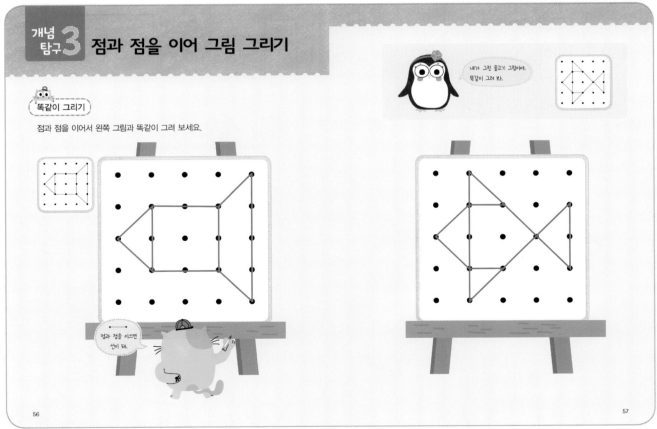

똑같이 그리기

점과 점을 이어서 왼쪽 그림과 똑같이 그려 보세요.

내가 그린 물고기 그림이야. 똑같이 그려 봐.

점과 점을 이으면 선이 돼.

56

57

119

정답

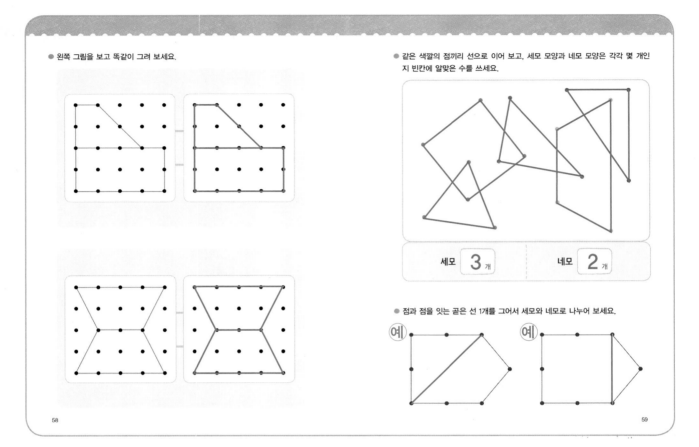

● 왼쪽 그림을 보고 똑같이 그려 보세요.

● 같은 색깔의 점끼리 선으로 이어 보고, 세모 모양과 네모 모양은 각각 몇 개인 지 빈칸에 알맞은 수를 쓰세요.

세모	3 개	네모	2 개

● 점과 점을 잇는 곧은 선 1개를 그어서 세모와 네모로 나누어 보세요.

예   예

58   59

LET'S PLAY

같은 모양을 찾아요. 활동북 10쪽

① 별 그림 카드 10장을 뒤집어 활동판에 한 장씩 놓습니다.

② 달 그림 카드 10장을 뒤집어 활동판에 쌓아 놓습니다.

③ 순서를 정하여 달 그림 카드와 별 그림 카드를 한 장씩 뒤집어 같은 모양이 나오면 카드를 가져가고 기록판에 ○표 합니다.
(단, 세모는 세모끼리, 네모는 네모끼리, 동그라미는 동그라미끼리 같은 모양입니다.)

④ 카드를 더 많이 모은 사람이 이깁니다.

ACTIVE BOARD

● 별 그림 카드

카드 놓는 자리	카드 놓는 자리	카드 놓는 자리	카드 놓는 자리	카드 놓는 자리
카드 놓는 자리	카드 놓는 자리	카드 놓는 자리	카드 놓는 자리	카드 놓는 자리

● 달 그림 카드

카드 놓는 자리

기록판

이름	1회	2회	3회	4회	5회	이긴 사람

60   61

120

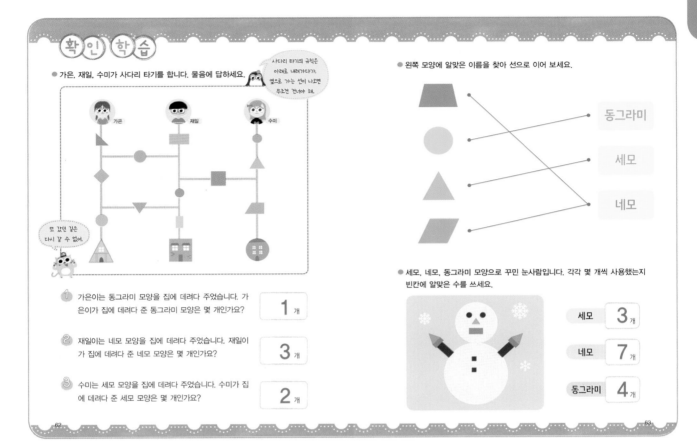

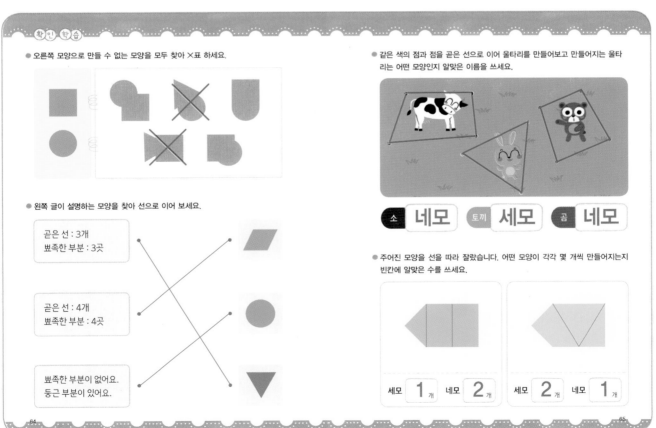

정답

네 번째
생각 열기

생일 파티를 해요

펭이와 냥이는 생일 파티에 필요한 물건들을 사기 위해
슈퍼마켓에 왔습니다. 펭이와 냥이가 어떤 것들을 샀는지
알맞은 스티커를 붙여 보세요.

활동북 4쪽

곰 모양, 상자
모양을 사자!

둥근 기둥 모양도
선물하자!

66 67

탑을 만들어보자!

펭이와 냥이가 상자를 이용하여 오른쪽 그림과
같은 모양의 탑을 만들려고 해요. 아래쪽부터 스
티커를 붙여 탑을 만들어 보세요. 활동북 4쪽

비슷한 모양 찾기

펭이와 냥이가 산 물건들을 살펴보고 비슷한 모양의 스티커를 붙여 보세
요. 활동북 4쪽

윗면이 평평한 것도 있고,
뾰족한 것도 있구나!

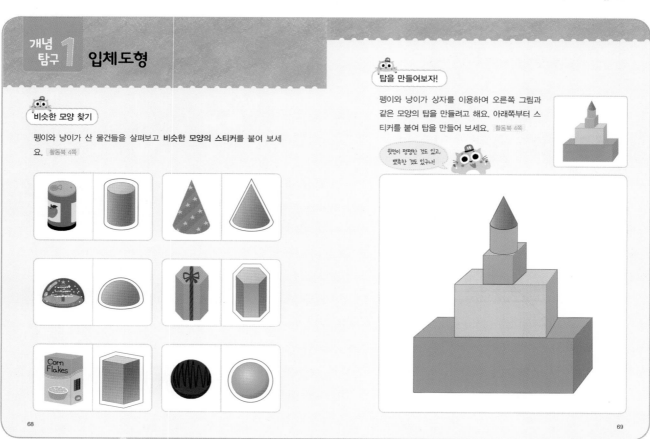

68 69

122

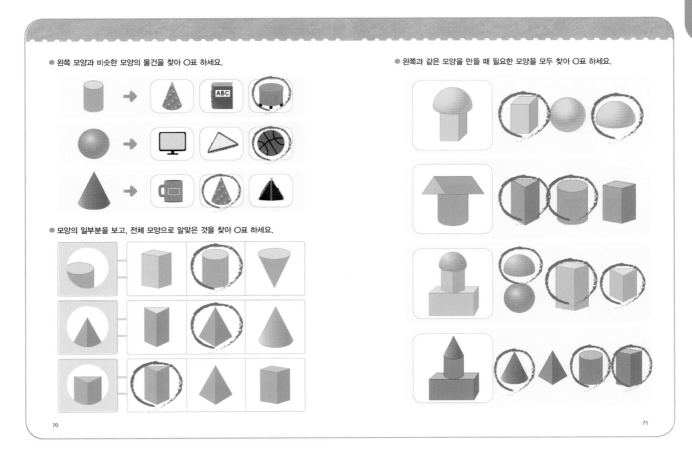

● 동물 친구들의 설명에 맞게 알맞은 색을 칠해 보세요.

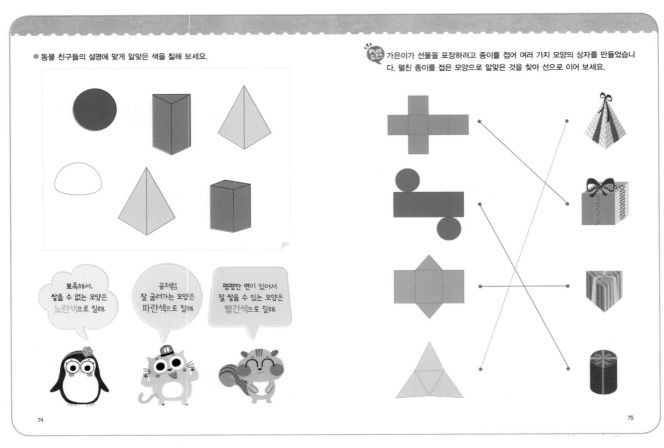

PLUS도전! 가은이가 선물을 포장하려고 종이를 접어 여러 가지 모양의 상자를 만들었습니다. 펼친 종이를 접은 모양으로 알맞은 것을 찾아 선으로 이어 보세요.

뾰족해서, 쌓을 수 없는 모양은 노란색으로 칠해.

공처럼 잘 굴러가는 모양은 파란색으로 칠해.

평평한 면이 있어서 잘 쌓을 수 있는 모양은 빨간색으로 칠해.

74

75

개념 탐구 3 입체도형은 어떻게 보일까

눈에 보이는 모양 찾기

숲 속 동물들이 나무 그루터기를 여러 방향에서 보았어요. 나무 그루터기는 동물들에게 어떻게 보일까요? 각각의 동물들에게 보이는 모양을 찾아 ○표 하세요.

76

77

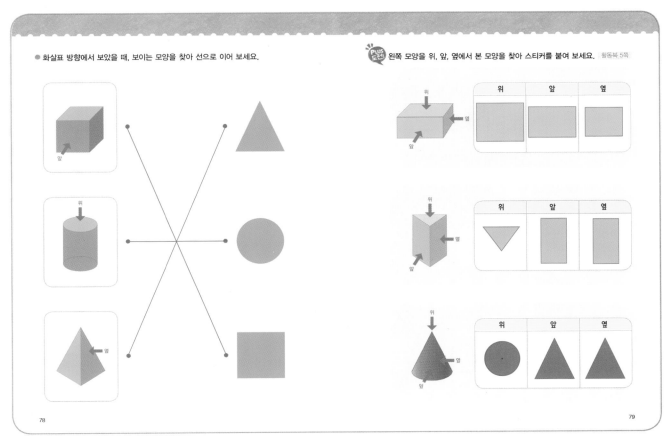

정답

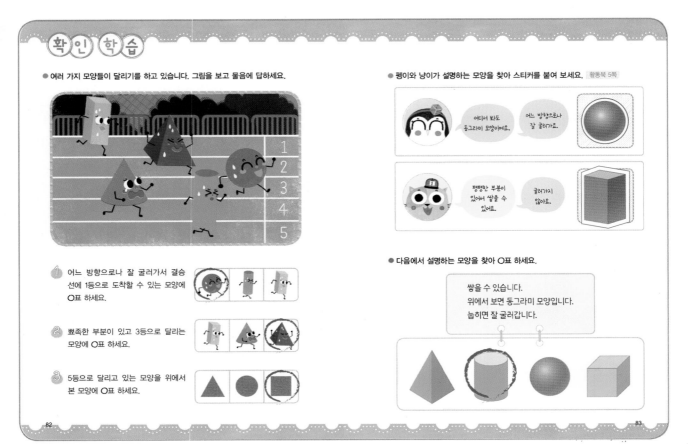

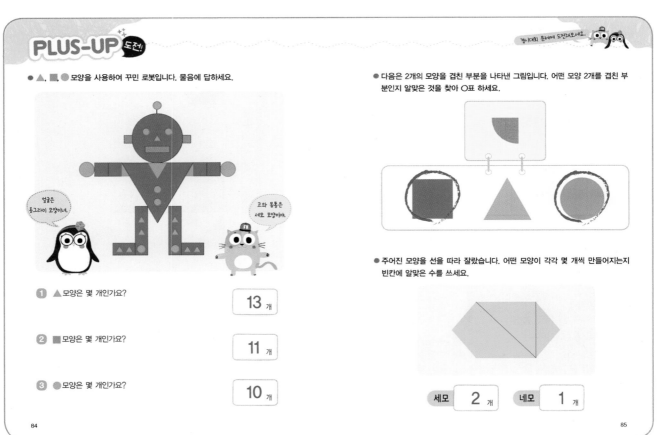

● 상자 모양, 둥근 기둥 모양, 공 모양 중에서 가장 많이 사용한 모양의 개수는 몇 개인가요?

5 개

● 다음은 어떤 모양을 잘라서 펼친 그림입니다. 이 그림을 잘라 점선을 따라 접으면 어떤 모양이 되는지 알맞은 모양에 ○표 하세요.

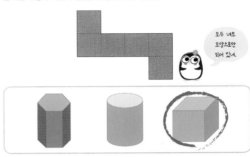

모두 네모 모양으로만 되어 있네.

● 펭이와 냥이가 설명하고 있는 모양에 ○표 하세요.

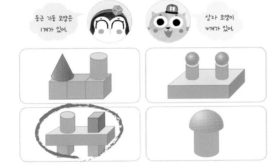

둥근 기둥 모양은 1개가 있어.

상자 모양이 4개가 있어.

● 다음 설명을 읽고 알맞은 모양을 찾아 ○표 하세요.

굴러가지 않습니다.
옆에서 보면 ▲모양입니다.

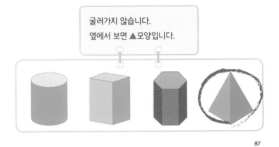

86

87

다섯 번째 생각 열기

집을 만들어요

펭이와 냥이가 숲 속에서 길을 잃었어요.
숲 속 미로를 지나며 모은 모양 조각들로 마지막에 집 모양을
맞춰야 미로에서 빠져 나올 수 있어요.
미로를 지나며 모은 모양 조각 스티커를 붙여 집 모양을
완성해 보세요. 활동북 2쪽

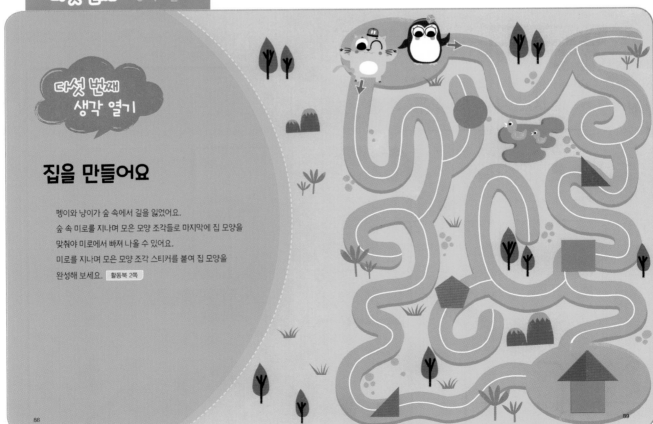

88

89

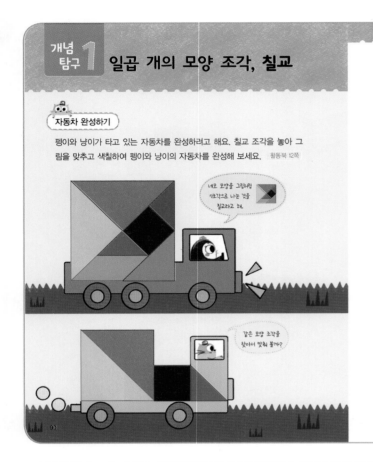

개념탐구 1 일곱 개의 모양 조각, 칠교

🦉 자동차 완성하기

펭이와 냥이가 타고 있는 자동차를 완성하려고 해요. 칠교 조각을 놓아 그림을 맞추고 색칠하여 펭이와 냥이의 자동차를 완성해 보세요. 활동북 12쪽

네모 모양을 그림처럼 7조각으로 나눈 것을 칠교라고 해.

같은 모양 조각을 찾아서 맞춰 볼까?

90

● 칠교 조각을 놓아 꽃게 모양을 만들고, 스티커를 붙여 보세요. 활동북 6쪽, 12쪽

● 주어진 조각을 놓아 모양을 만들고 스티커를 붙여 보세요. 활동북 5쪽, 12쪽

91

● 동물들이 미로를 탈출하면서 모은 칠교 조각을 놓아 모양을 만들고 스티커를 붙여 보세요. 활동북 6쪽, 12쪽

92

개념탐구 2 퍼즐 이불 만들기

🦉 이불 꾸미기

펭이의 이불에 사용할 퍼즐 조각은 4개의 ■로 이루어져 있고, 냥이의 이불에 사용할 퍼즐 조각은 5개의 ■로 이루어져 있어요. 알맞은 퍼즐 조각을 골라 스티커를 붙여서 펭이와 냥이의 이불을 꾸며 보세요. 활동북 6쪽

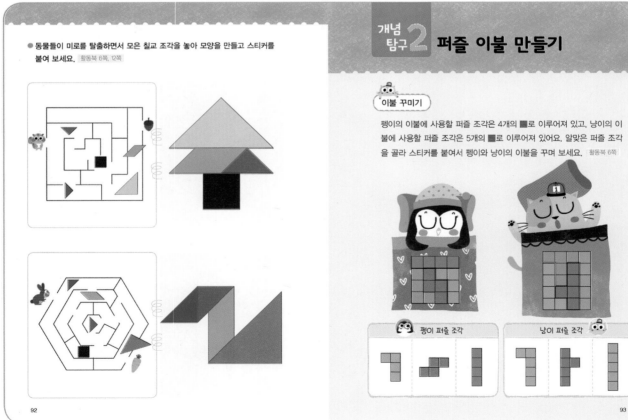

🦉 펭이 퍼즐 조각

냥이 퍼즐 조각 🐱

93

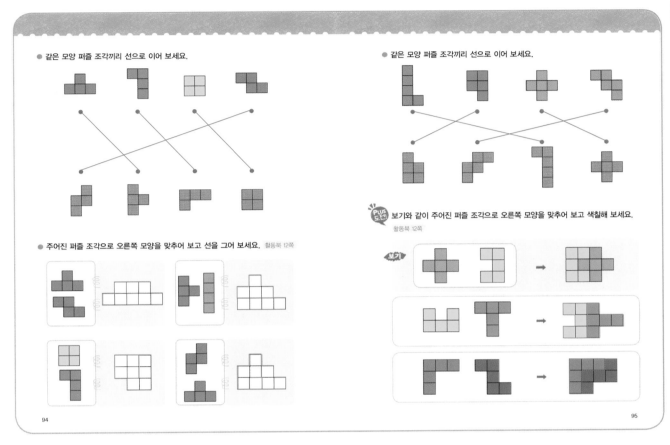

● 같은 모양 퍼즐 조각끼리 선으로 이어 보세요.

● 주어진 퍼즐 조각으로 오른쪽 모양을 맞추어 보고 선을 그어 보세요. 활동북 12쪽

● 같은 모양 퍼즐 조각끼리 선으로 이어 보세요.

PLUS
도전! 보기와 같이 주어진 퍼즐 조각으로 오른쪽 모양을 맞추어 보고 색칠해 보세요.
활동북 12쪽

보기

94

95

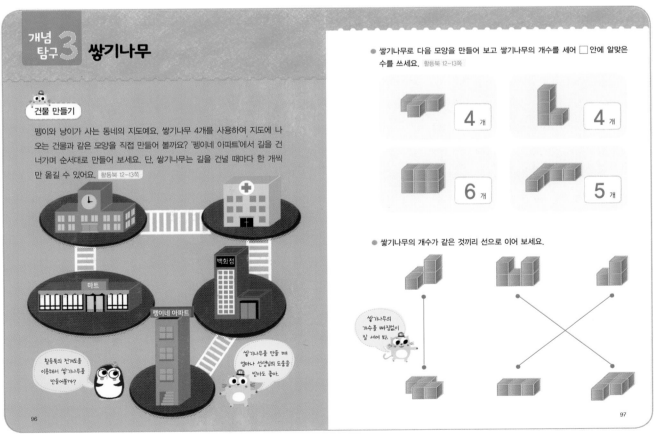

개념
탐구3 쌓기나무

건물 만들기

펭이와 냥이가 사는 동네의 지도예요. 쌓기나무 4개를 사용하여 지도에 나
오는 건물과 같은 모양을 직접 만들어 볼까요? '펭이네 아파트'에서 길을 건
너가며 순서대로 만들어 보세요. 단, 쌓기나무는 길을 건널 때마다 한 개씩
만 옮길 수 있어요. 활동북 12~13쪽

활동북의 전개도를
이용해서 쌓기나무를
만들어볼까?

쌓기나무를 만들 때
엄마나 선생님의 도움을
받아도 좋아.

● 쌓기나무로 다음 모양을 만들어 보고 쌓기나무의 개수를 세어 □ 안에 알맞은
수를 쓰세요. 활동북 12~13쪽

4 개

4 개

6 개

5 개

● 쌓기나무의 개수가 같은 것끼리 선으로 이어 보세요.

쌓기나무의
개수를 빠짐없이
잘 세어 봐.

96

97

129

● 왼쪽 모양에 쌓기나무 몇 개를 더 쌓아 오른쪽 모양을 만들었습니다. 보기와 같이 더 쌓은 쌓기나무에 ○표 하고 그 개수를 쓰세요.

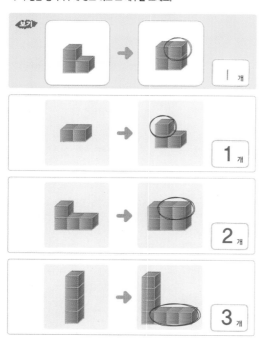

● 펭이가 쌓은 모양에서 냥이가 쌓기나무 한 개를 옮겨 모양을 바꾸고 옮긴 쌓기나무에 ○표 했습니다. 보기와 같이 옮긴 쌓기나무에 ○표 하세요.

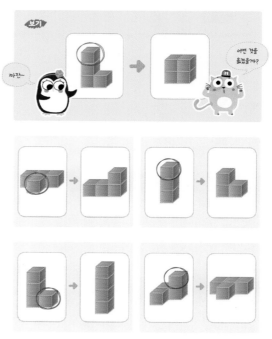

98   99

● 쌓기나무를 쌓아 만든 모양입니다. 보이지 않는 쌓기나무의 개수를 쓰세요.

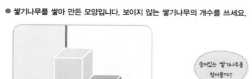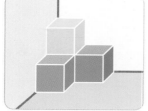

Plus 도전 동물 친구들이 크리스마스 선물을 받았습니다. 선물을 가장 많이 받은 동물에 ○표 하세요. (단, 선물 상자의 크기는 모두 같습니다.)

LET'S PLAY

날 따라 해 봐요. 활동북 12~14쪽

1 쌓기나무 모양 카드를 한 장씩 뽑습니다.

2 상대방이 뽑은 카드의 모양과 똑같은 모양을 만듭니다.

3 서로 만든 모양이 맞는지 확인합니다.

100   101

130

확 인 학 습

● 칠교 조각 중에서 세모 모양과 네모 모양은 각각 몇 개인지 쓰세요.

세모 **5** 개

네모 **2** 개

● 미로를 탈출하면서 모은 칠교 조각을 놓아 모양을 맞추어 보고 스티커를 붙여 보세요. 활동북 6쪽, 12쪽

● 주어진 퍼즐 조각으로 모양을 맞추어 보고 색칠해 보세요. 활동북 12쪽

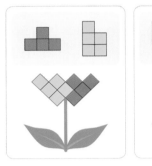 

● 쌓기나무의 개수를 세어 □ 안에 알맞은 수를 쓰세요.

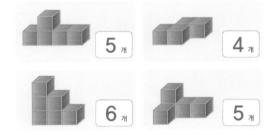

5 개   **4** 개

6 개   **5** 개

102   103

PLUS-UP 도전!

경시[대회] 문제에 도전해보세요.

● 칠교 조각 5개를 이용하여 백조 모양을 만들고 선을 그어 보세요. 활동북 12쪽

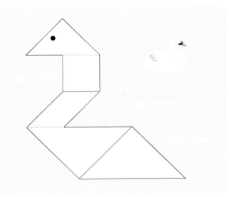

● 주어진 퍼즐 조각으로 오른쪽 모양을 맞추어 보고 선을 그어 보세요.
활동북 12쪽

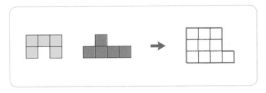

● 주어진 조각을 놓아 모양을 만들고 선을 그어 보세요. 활동북 12쪽

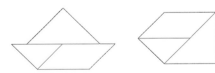

● 쌓기나무의 개수를 세어 □ 안에 알맞은 수를 쓰세요.

6 개   **6** 개

104   105

131

● 주어진 모양에서 쌓기나무 1개를 옮겨 만들 수 있는 모양을 모두 찾아 ○표 하세요.

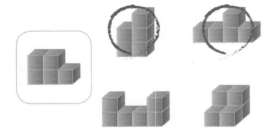

● 주어진 모양에서 쌓기나무 1개를 옮겨 만들 수 없는 모양을 찾아 ×표 하세요.

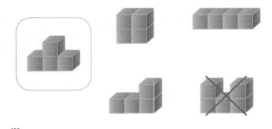

● 3개의 퍼즐 조각을 사용하여 아래 모양을 만들었습니다. ? 에 알맞은 모양을 찾아 ○표 하세요.

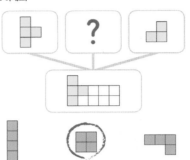

● 쌓기나무를 쌓은 모양입니다. 보이지 않는 쌓기나무의 개수를 쓰세요.

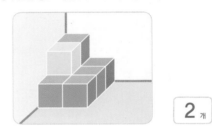

2 개

106   107

다 풀었다!
세모, 네모, 동그라미,
이제 도형은 자신 있어.

함께 한 도형 공부
즐거웠니? 앞으로는 우리
주변에서 볼 수 있는 도형에도
관심을 가져 봐.

논리 사고력과 창의력이 뛰어난 미래 영재를 키우는 시소 수학

진 짜 진 짜

킨더

사고력 수학

여수미 지음 | 신대관 그림

C 도형
5~6세용

활동북

siso study

활동지 스티커

p. 18

p. 19

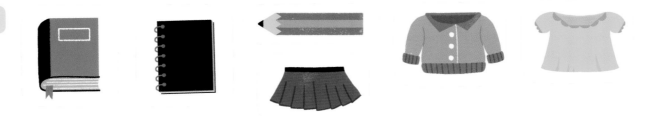

p. 23

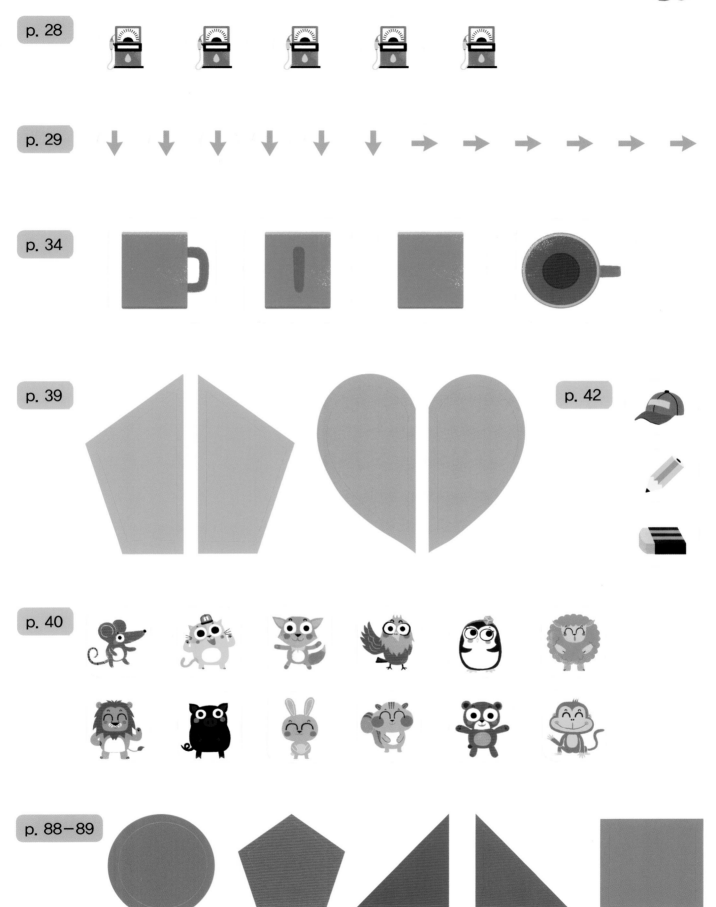

p. 48–49

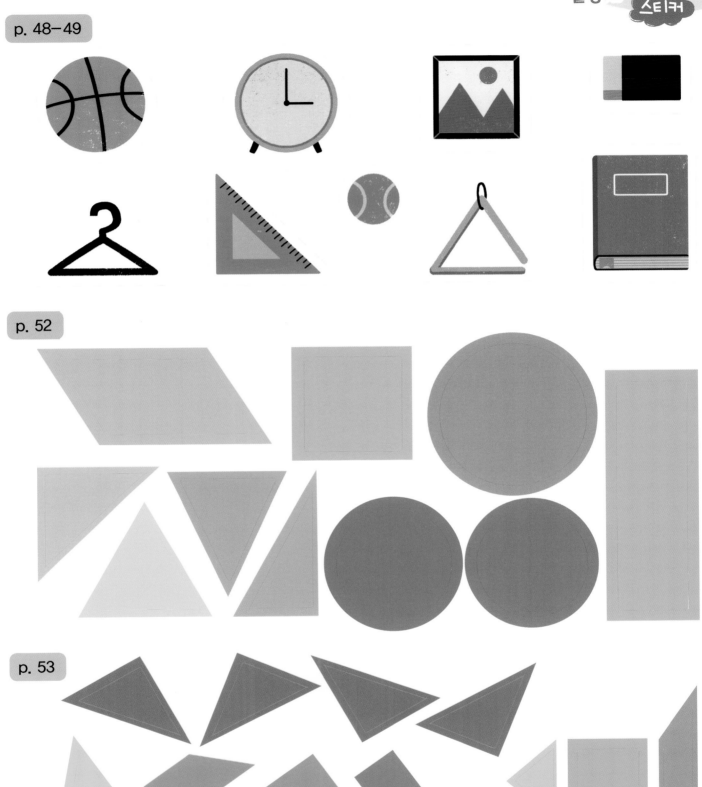

p. 52

p. 53

p. 66–67

p. 68

p. 69

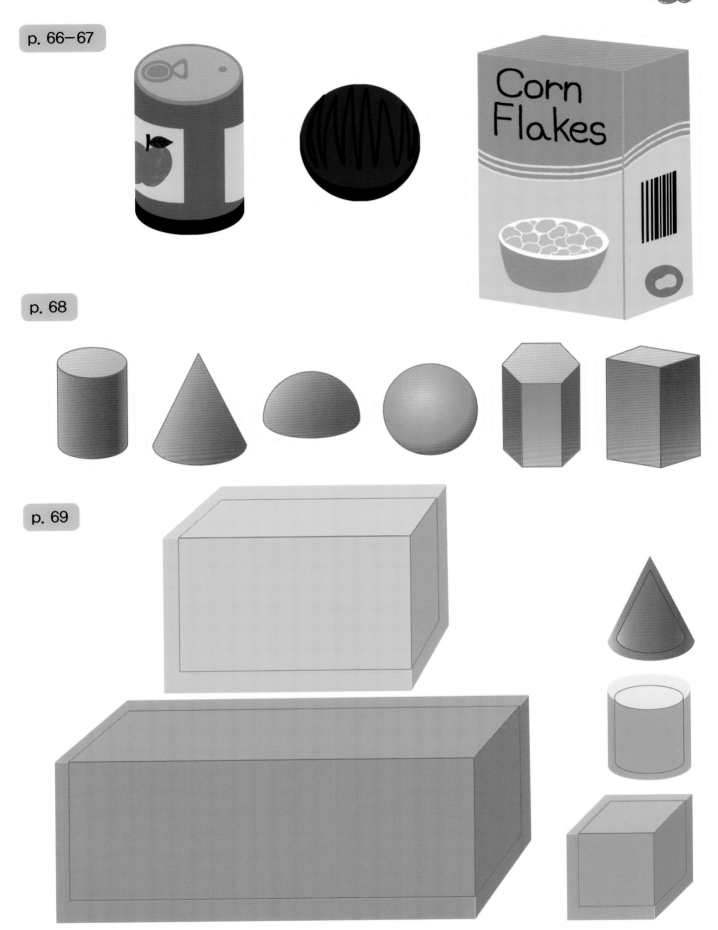

p. 72

p. 79

p. 83

p. 91

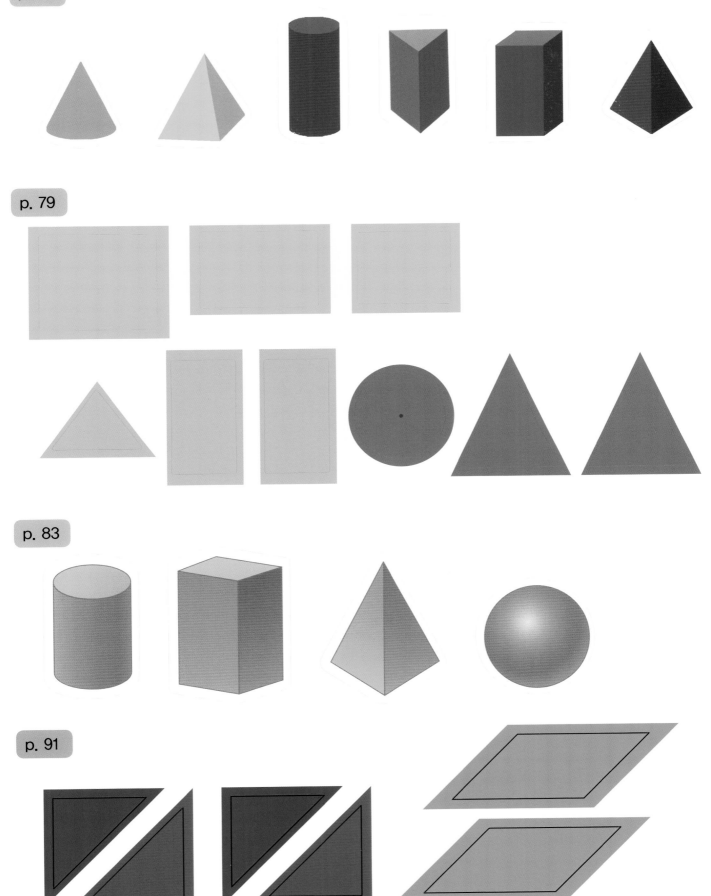

p. 91

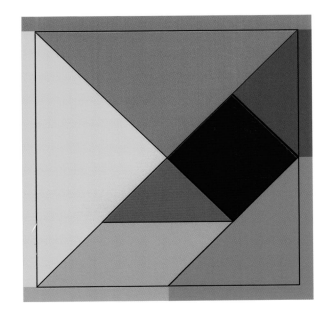

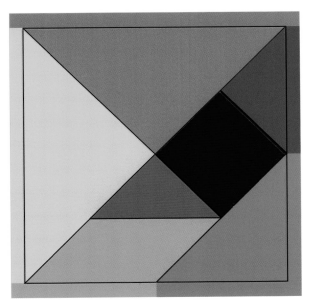

p. 92 **토끼 미로**

p. 102

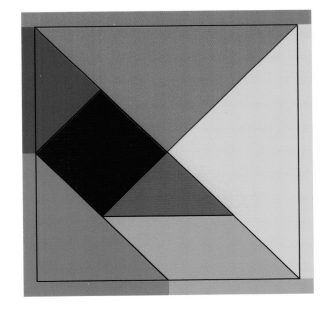

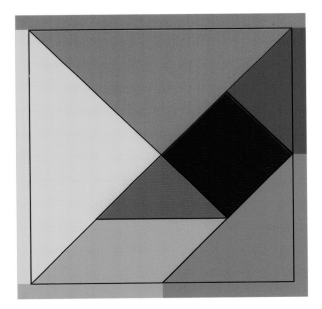

p. 93

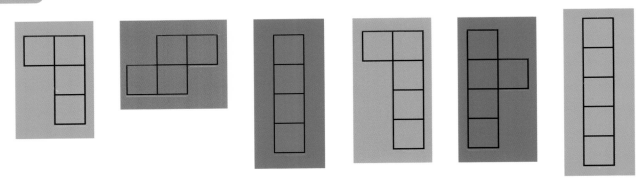

p. 22

오리는 선

p. 40

가, 1   가, 2   가, 3   가, 4

나, 1   나, 2   나, 3   나, 4

다, 1   다, 2   다, 3   다, 4

자르는 선

p. 41

주사위

경찰

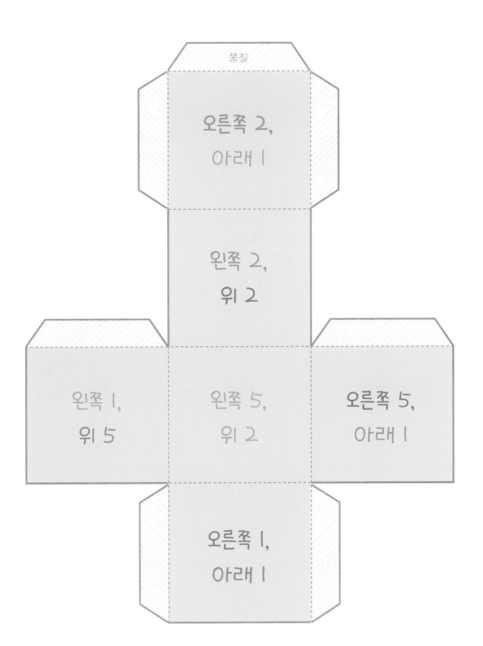

풀칠

오른쪽 2,
아래 1

왼쪽 2,
위 2

왼쪽 1,
위 5

왼쪽 5,
위 2

오른쪽 5,
아래 1

오른쪽 1,
아래 1

자르는 선

─────── 오리는 선

------- 접는 선

p. 60-61

● 별 그림 카드

● 달 그림 카드

● 별 그림 카드

● 달 그림 카드

p. 80-81

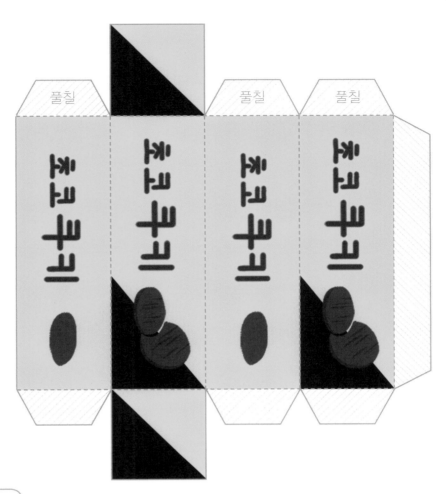

————— 오리는 선

- - - - - 접는 선

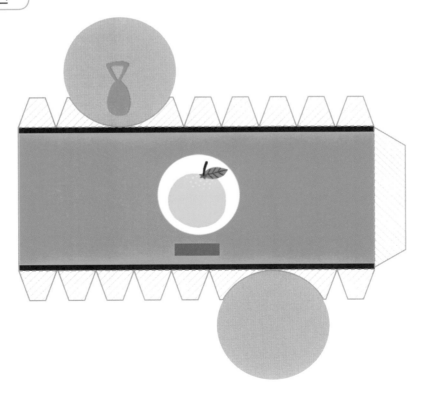

자르는 선

p. 90–92, 102, 104–105

p. 94

p. 95

p. 103

p. 104

p. 96–97, 101

풀칠

풀칠

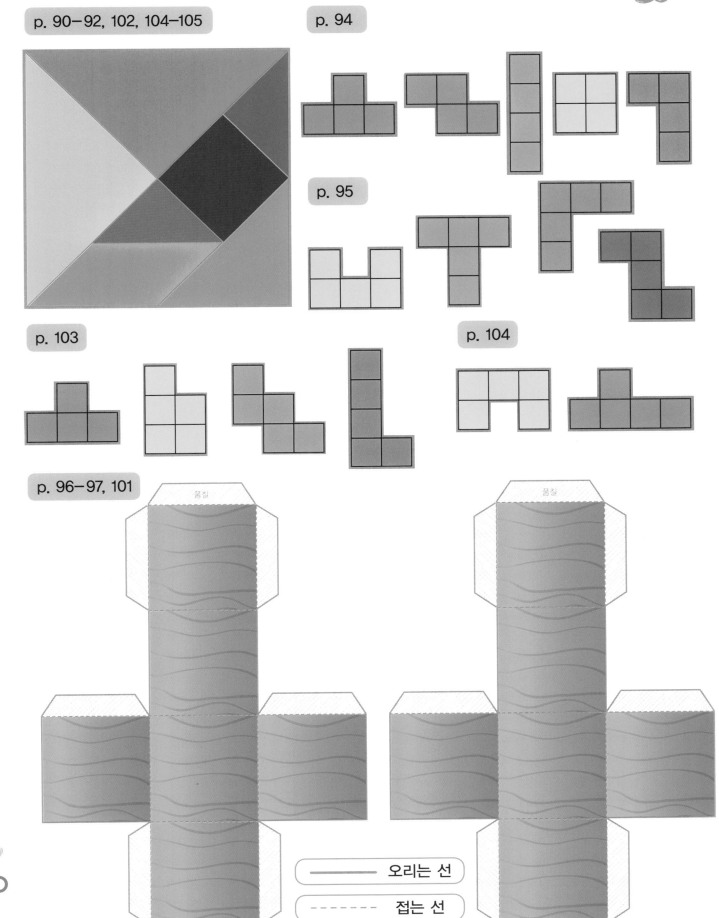

——— 오리는 선

------- 접는 선

자르는 선

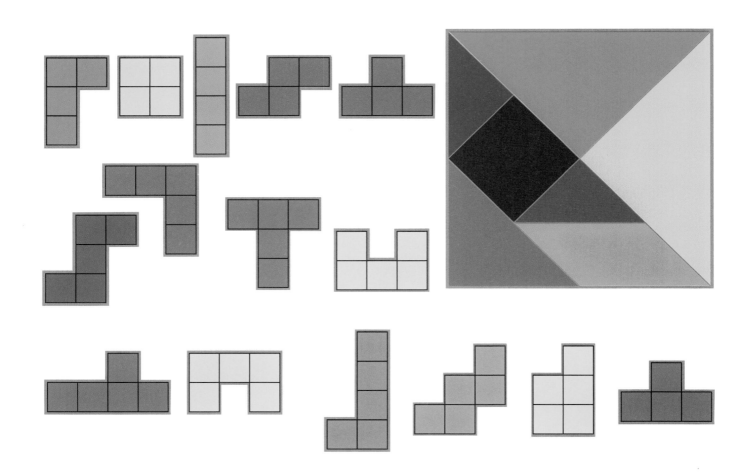

p. 96−97, 101

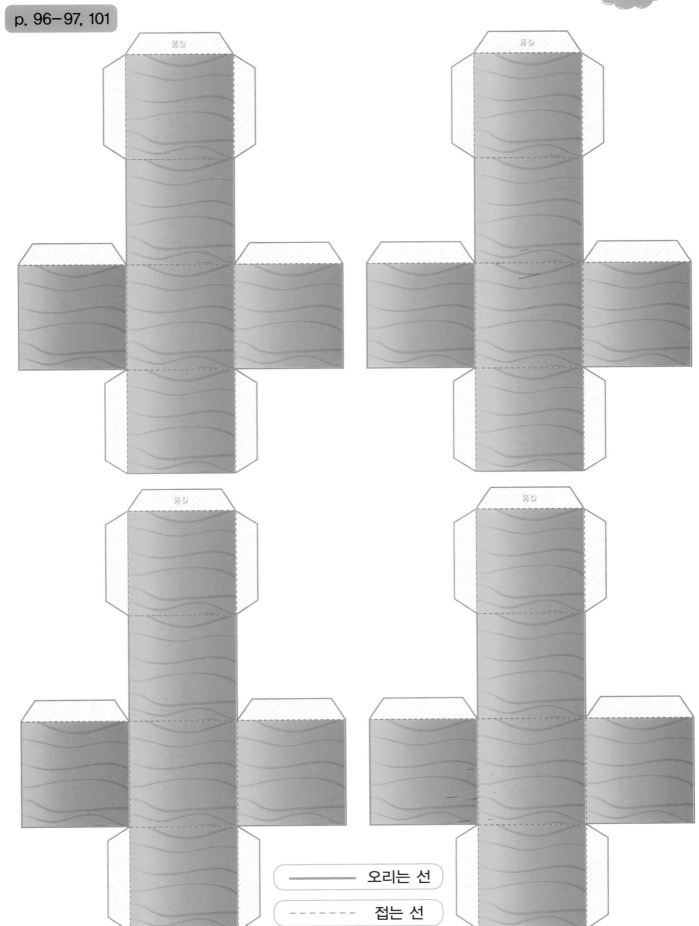

풀칠

풀칠

풀칠

풀칠

———————— 오리는 선

------------ 접는 선

p. 101

자르는 선

CARD CARD

CARD CARD

CARD CARD

CARD CARD

CARD CARD

진짜진짜

킨더

사고력
수학